John Jordan

# Roboter

John Jordan

# Roboter

Aus dem Englischen von
Manfred Weltecke

bup
BERLIN UNIVERSITY PRESS

FSC
www.fsc.org
MIX
Papier aus verantwortungsvollen Quellen
FSC® C083411

Bibliografische Information der Deutschen Nationalbibliothek
Die Deutsche Nationalbibliothek verzeichnet diese Publikation in der Deutschen Nationalbibliografie; detaillierte bibliografische Daten sind im Internet über http://dnb.d-nb.de abrufbar.


Originaltitel: Robots

Covergestaltung: Karina Bertagnolli, Wiesbaden
Bildnachweis: iStock – abidal
Satz und Bearbeitung: SATZstudio Josef Pieper, Bedburg-Hau
Der Titel wurde in der Chaparral PRO gesetzt.
Gesamtherstellung: CPI books GmbH, Leck – Germany

ISBN: 978-3-7374-1329-9

www.verlagshaus-roemerweg.de

# INHALT

# VORWORT

Der Versuch, ein Buch über Roboter zu schreiben, stellt ein großes Wagnis dar. Dieses Fachgebiet ist schon jetzt sehr umfassend und expandiert ständig weiter. Außerdem ist es in einem so raschen Wandel begriffen, dass ein Projekt, das sich über mehrere Jahre erstreckt, unmöglich auf dem neuesten Stand sein kann. Warum habe ich mich dann dennoch darauf eingelassen?

Das Fachgebiet der Roboterwissenschaft ist, davon bin ich überzeugt, in ein entscheidendes Stadium eingetreten. Die Robotertechnik ist ausgereift genug für die Massenkommerzialisierung, den Einsatz durch Regierungen und sogar dafür, in ihrer Allgegenwart unsichtbar werden zu können. Roboter werden sich schon bald auf das Leben von Millionen von Menschen noch direkter und tiefgreifender auswirken.

Die technischen Entscheidungen, die im Zusammenhang mit dem Design von Robotern getroffen werden, verkörpern nicht nur Werturteile und Bestrebungen; häufig haben sie auch ethische Implikationen. Jeder Roboteringenieur, dem ich begegnet bin, war intelligent, menschenfreundlich und höflich. Dennoch möchte ich nicht, dass eine kleine, isoliert arbeitende Gruppe von Wissenschaftlern und Ingenieuren sämtliche Entscheidungen trifft, die sich auf Leben und Tod, Gesundheit und Arbeit, Lebensunterhalt und gesellschaftlichen Status, Privatsphäre und Geschlechtsidentität, die Zukunft des Krieges, das Aussehen urbaner Landschaften und zahlreiche andere Bereiche auswirken: Sie brauchen Hilfe – und andere Perspektiven.

Dieses Buch versucht den Kreis derjenigen Personen zu erweitern, die darüber bestimmen, was Roboter tun können und sollten, wie sie aussehen, was zu ihren Funktionen gehört, und was nicht. Ich hoffe, dass Robotertechniker dieses Buch lesen werden, die intendierte Zielgruppe sind jedoch alle sonstigen Leser. Heute getroffene Entscheidungen im Design können uns jahrzehntelang begleiten, daher ist jetzt der Zeitpunkt, die Frage zu stellen – und zu beantworten – wie »gute« Roboter aussehen könnten. Aufgrund der Breite und Dynamik des Feldes legt meine Darstellung weniger Gewicht auf Vollständigkeit und die neuesten Entwicklungen, als auf die längerfristigen Fragestellungen: Welches sind die dauerhaften Fähigkeiten, Streitpunkte und Kompromisse, die Roboter und die Robotertechnik charakterisieren werden?

Warum sind diese Fragen von Bedeutung? In vielen wichtigen Kontexten arbeiten Menschen und Roboter Seite an Seite, statt dass Roboter Menschen ersetzen: sei es auf dem Schlachtfeld, in einem Krankenhaus, an einem Montageband, oder in der Rehabilitation, der Prothetik oder im Prozess des Älterwerdens. Statt uns auf Entweder-Oder-Diskussionen darüber einzulassen, was einen Roboter ausmacht, werden wir besser daran tun, die computergestützte, mechanische Verbesserung menschlicher Eigenschaften auf einer kontinuierlichen Skala zu betrachten. Dies hat notwendigerweise sowohl zur Folge, dass Computer und Menschen enger zusammenrücken und -arbeiten werden – was die Verfassung und Befindlichkeit des Menschseins auf wichtige Weise verändern wird – als auch, dass Computer, statt nur zu Sklaven oder potenziellen Herren zu werden, Partner des Menschen sein werden. Diese unmittelbar bevorstehenden Veränderungen machen die Verbesserung unserer Theorien, Normen und Bestrebungen zu einer dringlichen Angelegenheit. Dieses Buch, dieses vertrauensvoll unternommene Wagnis, ist ein kleiner Schritt in diese Richtung.

# DANKSAGUNGEN

Dieses kleine Buch, an dem ich fünf Jahre gearbeitet habe, konnte ich nur dank der Unterstützung zahlreicher Personen schreiben, von denen nicht alle hier genannt werden können.

Katherine A. Almeida, Kate Hensley und besonders Marie Lufkin Lee von MIT Press waren vollendete Profis, die mir sehr geholfen haben: Katherine durch Rat und Ermutigung, Kate durch konstruktive Kritik und Marie durch eine hervorragende Durchführung des Projekts. Ich schätze mich glücklich, die Unterstützung eines derart fähigen Teams gehabt zu haben.

Als mir Bob Bauer im Jahr 2011 in Willow Garage den persönlichen Roboter PR2 vorstellte, war dies genau der Moment – auf einer Stufe mit meiner ersten Begegnung mit dem Web-Browser Mosaic des NCSA* – ab dem ich alles mit anderen Augen sah. Bob stellte mich später den wichtigsten Personen vor, die ich im Laufe meiner Recherchen interviewen sollte, darunter Steve Cousins, Scott Hassan, James Kuffner, und Leila Takayama. Ohne ihn hätte dieses Buch niemals entstehen können, weshalb mein Dank an ihn besonders groß ist.

* National Center for Supercomputing Applications = Nationales Zentrum für Supercomputeranwendungen

Zusätzlich zu vielen anonymen Lesern von MIT Press, von denen jeder und jede einzelne dieses Buch verbessert haben, kann ich vier Lesern namentlich danken. Steve Sawyer verdanke ich großzügige, detaillierte Kommentare zu einer früheren Version dieses Buches. Er überwältigte mich mit der Fülle seiner Vorschläge. Kate Hoffman vertiefte mit ihrem riesigen Schatz an Leseerinnerungen und mit ihrem sicheren Urteil mein Verständnis von Animes und Science-Fiction. Mein langjähriger Partner bei technischen Analysen, John Parkinson, las mehrere frühere Entwürfe dieses Buches und half mir unermüdlich, sei es bei der Lösung von Problemen mit der Gesamtkonzeption dieses Buches oder der Korrektur von Ungenauigkeiten in den Details.

Schließlich habe ich noch meinem ehemaligen Koautor, David Hall, zu danken, der mich mit Ermutigung, Kritik und fachmännischem Weitblick unterstützt hat, sooft ich ihn etwas fragte, obwohl er Dutzende eigener Eisen im Feuer hatte. Er starb, plötzlich und viel zu früh, einen Monat vor der Drucklegung dieses Buches. Ich kann nur hoffen, dass er auf das Endergebnis stolz gewesen wäre.

1

# EINFÜHRUNG

Fernsehen und Kino haben dazu beigetragen, einflussreiche amerikanische Erzählungen über Technologie zu verbreiten. *Star Wars* ist in vieler Hinsicht ein auf den Stand der Zeit gebrachter Western, in dem der Weltraum als Eroberungsgrenze fungiert (obwohl vielleicht nicht als letzte) und Lichtschwerter Gewehre ersetzt haben. Der Einfluss solcher Symbolgestalten – und möglicherweise Archetypen – wie Robocop, *Blade Runners* Replikanten, des brillanten, wohlerzogenen C-3POs und Disneys Wall-E ist umfassend und tiefgreifend. Fragt man hingegen nach »Throwbots«, Atlas, Motoman, Kiva, Beam oder nach anderen tatsächlich verwendeten Robotern, welche die Kriegsführung, industrielle Arbeitsplätze und die Kooperation von Mensch und Roboter neu erfinden, so haben die meisten Menschen kaum eine Vorstellung davon, was wirkliche Roboter machen, oder wie sie aussehen. Jedermann kennt jedoch den Terminator, einschließlich seines österreichischen Akzents.

Im Jahr 2004 wurde Chris van Allsburgs beliebtes Kinderbuch *Der Polarexpress* verfilmt. Oscargekrönte Schauspieltalente, darunter Tom Hanks, wurden zum Zweck der digitalen Bewegungserfassung verkabelt, doch die daraus resultierenden Figuren wirkten, in den Worten der Kritiker, »gruselig«, »unheimlich« und »ausdrucklos«; der Film sei eine »Parade von Zombies«. Jahrelang forderten Zeichner von digitalen Trickfilmen mehr Polygone, mehr Farbschattierungen, mehr Pixel – kurz gesagt: mehr Rechenleistung. Doch statt ihr Publikum mit wahrheitsgetreuen Bildern zu erfreuen, betraten sie das »unheimliche Tal«, ein Paradox, bei dem zusätzliche künstliche Ähnlichkeit die Menschen befremdet. Nach 2005 rief der japanische weibliche Android Repliee durch seine fast, aber nicht vollständig menschlichen Eigenschaften die gleiche Reaktion hervor.

Im Gegensatz zu Hollywood baut Boston Dynamics (das nach 2013 eine Zeit lang zu Google gehörte) Roboter, die für die Verwendung durch das Militär der USA bestimmt sind. Nicht unter Verschluss gehaltene YouTube-Videos eines Geparden-Roboters, eines menschenähnlichen Roboters und eines Lasttier-Roboters sind Dutzende von Millionen Malen aufgerufen worden. Für viele Betrachter war dies die erste Begegnung mit dem neuesten Stand der Robotertechnik. Was ich am erstaunlichsten fand, war nicht so sehr die relativ große Anzahl der Zuschauer, als vielmehr die Reaktion meiner Studenten darauf, dass ein Mensch den PackBot unsanft schubste und trat, um seine

Stabilität zu demonstrieren: Es verschlug ihnen den Atem, als hätte jemand vor laufender Kamera einen Hund geschlagen.

Roboter werden immer zahlreicher, leistungsfähiger und unterschiedlicher. Längerfristig wird ihr wirtschaftlicher, politischer und destruktiver Einfluss wahrscheinlich dem des Automobils gleichkommen. Bei einem derart massiven Wandel ist den davon Betroffenen das Geschehen nicht gleichgültig und man ruft nach Regeln, Normen und Wegen, die damit verbundenen Risiken zu verringern. Die Bürger eines Gemeinwesens haben ein berechtigtes Interesse an Arbeit, Einkommen und Sicherheit am Arbeitsplatz; an einem Altern in Würde; an umfassenden Änderungen in der globalen Kriegsführung; am Schutz der Privatsphäre; sowie an anderen Dingen, die durch die Robotertechnik verändert werden könnten. Dennoch gibt es zahlreiche Faktoren, deren vereinte Wirkung es schwer macht, die Diskussion über dasjenige voranzubringen, was wir von Robotern heute und in Zukunft erwarten.

## Hindernisse für eine sachkundige Diskussion

Wenn eine Innovation auftritt, so zeigt die Geschichte ihrer Namensgebung, wie sie von einer fremden Entität zu einer Neuigkeit und schließlich zu etwas wird, das in seiner Allgegenwart unsichtbar geworden ist. Vor etwas mehr als

100 Jahren bezeichnete man Automobile als »pferdelose Kutschen«, definierte man sie durch das, was sie nicht waren, statt durch das, was sie waren. In neuerer Zeit hat das Militär der USA Drohnen als »unbemannte Fluggeräte« (UAVs*) bezeichnet und damit den Trend der Definition durch Negation fortgesetzt.

Das Wort »Roboter« kam in den 1920er Jahren auf und bezeichnete anfänglich eine Art Sklave. Roboter wurden häufig durch ihre Fähigkeit charakterisiert, langweilige, schmutzige oder gefährliche Aufgaben auszuführen und sie Menschen zu ersparen. Forschung und Technik dieses Fachgebiets entwickeln sich weiterhin rasant weiter – man denke nur an Googles selbstfahrende Autos oder die menschenähnlichen Roboter, die das Unternehmen in den Geschäftsabschlüssen mit Schaft und Boston Dynamics erworben hat. Angesichts eines derart schnellen Wandels gelingt es Computerwissenschaftlern nicht im Entferntesten, Einigkeit in der Frage zu erzielen, was einen Roboter ausmacht. Einige sind der Auffassung, ein bestimmtes Gerät kann als Roboter gelten, wenn es (1) seine Umgebung wahrnehmen, (2) auf verschiedene Eingaben logische Operationen anwenden und (3) auf die physische Umwelt einwirken kann. Andere bestehen darauf, dass sich ein Computer im Raum bewegen können muss (wodurch der Nest Thermostat disqualifiziert wird), während wieder andere

* unmanned aerial vehicles

meinen, dass echte Roboter autonom sind (was Montagegeräte in Fabriken ausschließt). *Der erste Grund dafür, warum es so schwer ist, sich über Roboter zu verständigen: Ihre Definition steht, selbst unter den größten Experten des Fachgebietes, nicht fest.*

Bernard Roth, ein altgedienter Professor für Maschinenbau, der mit dem Stanford Artificial Intelligence Laboratory* (SAIL) seit dessen Anfängen verbunden war, bietet eine differenziertere Definition an, die sich auf seine langjährige Erfahrung in diesem Fachgebiet stützt. Roth beginnt damit, dass er bezweifelt, »eine Definition [dessen, was ein Roboter ist oder nicht ist]« könne »jemals allgemeine Zustimmung finden«. Er plädiert stattdessen für eine weniger rigide und flexiblere Herangehensweise: »Nach meiner Ansicht hat der Begriff des Roboters mit den Fragen zu tun, welche Aktivitäten zu einem gegebenen Zeitpunkt mit Menschen und welche mit Maschinen in Verbindung gebracht werden«. Wenn sich diese relativen Fähigkeiten entwickeln, verändern sich auch unsere Begriffe: »Wenn eine Maschine plötzlich in der Lage ist, etwas zu tun, was wir normalerweise mit Menschen in Verbindung bringen, kann die Maschine höher eingestuft und als Roboter klassifiziert werden. Nach einer Weile gewöhnt man sich daran, dass die Aktivität von Maschinen ausgeführt wird, und diese Geräte werden von einem ›Roboter‹ zu einer ›Maschine‹ zu-

* Stanford Labor für künstliche Intelligenz

rückgestuft.«[1] *Grund 2: Im Laufe der Zeit entwickeln sich Definitionen, unstetig und plötzlich, in dem Maße, wie sich der soziale Kontext und die technischen Möglichkeiten verändern.*

Die Erwartungen an Roboter sind von denen an jede andere neue Technologie verschieden, weil das Vokabular der Robotertechnik zu einem so hohen Grad ein Erbe von Science-Fiction-Romanen und -Filmen im Fernsehen und den Kinos ist. Keine Technologie wurde vor ihrer kommerziellen Vermarktung jemals so umfassend beschrieben und ausgelotet: Das Internet, Mobiltelefone, Kühlschränke und Klimaanlagen, Fahrstühle, die Atomenergie und zahllose andere Neuerungen, durch welche die Lebenswelt und ganze Landschaften umgestaltet worden sind, wurden relativ sang- und klanglos kommerzialisiert. Wenn überhaupt, so hat fiktive Literatur, in deren Zentrum diese Technologien standen, erst später zahllose Fantasien erdacht, die ein Publikum von Hunderten Millionen Menschen erreichten. In deutlichem Gegensatz dazu ging in der Roboterwissenschaft die Fiktion der Wissenschaft und Technik auf so noch nie dagewesene Art und Weise voraus. *Grund 3: Science-Fiction steckte die Grenzen des begrifflichen Spielraumes ab bevor die Ingenieure es taten.*

Dieses Paradoxon hängt zum Teil mit einem historischen Zufall zusammen: Die Medien, durch die sich die massenhafte Vermarktung von Science-Fiction in den Jahren 1940 bis 2000 vollzog – Taschenbücher, Comics, Kino und Fernsehen –, entwuchsen alle im gleichen Zeitraum ih-

Die Technologien der Massenmedien halfen, öffentliche Vorstellungen und Erwartungen für eine ganze Klasse computergestützter, mechanischer Erfindungen entstehen zu lassen, *zu denen es noch nicht gekommen war*.

ren Kinderschuhen. Auf diese Weise halfen die Technologien der Massenmedien, öffentliche Vorstellungen und Erwartungen für eine ganze Klasse computergestützter, mechanischer Erfindungen entstehen zu lassen, *zu denen es noch nicht gekommen war*: Komplexe, tiefgreifende Haltungen und Erwartungen gingen der Erfindung realisierbarer Produkte voraus.

Warum sollte die Tatsache, dass die moderne westliche Roboterwissenschaft stark von Science-Fiction beeinflusst wurde, von Bedeutung sein? Ein ganzes System von Bedeutungen und Erwartungen wurde durch Fantasien statt Fakten geschaffen. Und was das Wichtigste ist, Science-Fiction hat die Erwartungen an »echte« Roboter unrealistisch hoch geschraubt: In Fragen der Technik nicht versierte Journalisten, Autoren fiktiver Literatur und selbst der Oxforder Philosoph Nick Bostrom stellen die Frage, ob sich ein Roboter willentlich »gegen seinen Konstrukteur wenden« könne, obwohl das technisch unmöglich wäre. Es geht hierbei darum, dass Geschichten und Filme kulturell anderweitig befrachtet waren: Annahmen über Roboter und deren Verhältnis zu Arbeit, Krieg und menschlichen Fähigkeiten oder Behinderungen werden wir bewusst neu bedenken müssen, während wir gleichzeitig Fragen der Ethik, Autonomie und der vermeintlichen Fähigkeit zum Bösen untersuchen.

An dieser Stelle ist noch auf ein weiteres Benennungsproblem einzugehen. Obwohl er weder bei Lesern von Science-Fiction noch, insbesondere, Kinogängern dieselben Assoziationen wie Roboter weckt, sorgt der verwandte Begriff der Künstlichen Intelligenz unter vielen mit der Roboterwissenschaft nicht vertrauten Personen auf der Stelle für Verwirrung und Misstrauen. Elon Musk, der leitende Direktor von SpaceX und Tesla Motors, sagte 2014 auf einem MIT-Symposion, dass die Künstliche Intelligenz die vielleicht »größte existenzielle Bedrohung« der Menschheit darstelle:

> Ich glaube, dass wir bezüglich der Künstlichen Intelligenz äußerst vorsichtig sein sollten. Wenn ich raten sollte, welches unsere größte existenzielle Bedrohung darstellt, dann ist es wahrscheinlich sie. Deshalb müssen wir mit der Künstlichen Intelligenz äußerst vorsichtig umgehen. Immer mehr Wissenschaftler sind der Ansicht, dass es eine behördliche Kontrolle, vielleicht auf nationaler oder internationaler Ebene, geben sollte, nur um sicherzustellen, dass wir nicht etwas sehr Dummes anstellen. Mit der Künstlichen Intelligenz beschwören wir einen Dämon. In all den Geschichten mit dem Kerl mit dem Pentagramm und dem Weihwasser heißt es: Ja, er ist sich sicher, dass er den Dämon kontrollieren kann. Aber das ging noch nie gut.[2]

Man beachte, wie sich Musk bei dem Versuch, seine Sichtweise eines unermesslichen wissenschaftlichen Terrains zu erklären, auf Mythos und Dichtung bezieht. Wenn wir uns von Zauberern und Dämonen wieder distanzieren, erinnern wir uns daran, dass die größten Erfolge auf dem Gebiet der Künstlichen Intelligenz in kontrollierten, begrenzten Bereichen erzielt wurden: Beim Schachspiel, beim Go* und bei der Quiz-Show *Jeopardy!* auf die am deutlichsten sichtbare Weise, jedoch auch bei der automatischen Worterkennung in Suchfeldern und der automatischen Platzierung von Werbespots auf Mobiltelefonen. Es ist entscheidend wichtig, zwischen *allgemeiner* Künstlicher Intelligenz (und letztendlich menschenähnlicher Wahrnehmung und Erkenntnis) und *bereichsspezifischen* Algorithmen zu unterscheiden, die zur Ausführung von Aufgaben wie der Bewertung von Krediten, der Erkennung von Betrug oder der Planung von Fahrrouten in Google entwickelt wurden und welche außerhalb ihrer jeweiligen Spezialanwendung, auf die sie zugeschnitten sind, praktisch wertlos sind.[3] Gleichwohl wird Deep Learning** sehr schnell sehr viel besser, aber vielleicht stellt das menschliche Gehirn, wie ich im Folgenden darlegen werde, nicht den passenden Erfolgsmaßstab dar.

---

* Aus Asien stammendes, strategisches Brettspiel für zwei Personen

** Tiefgehendes Lernen, bezeichnet Optimierungsmethoden künstlicher neuronaler Netze

Die Angst davor, dass künstliche Lebensformen menschliche Fähigkeiten übertreffen könnten, ist weit verbreitet. Diese Angst besteht fort, obwohl selbst die einfachsten Aufgaben – wie zum Beispiel eine Druckerverbindung herzustellen – nach wie vor eine Herausforderung darstellen. Ob Robotertechnologien als »AI*«, »Roboter« oder hochentwickelte »intelligente persönliche Assistenten« bezeichnet werden, wie etwa Apples *Siri* oder Spike Jonzes *Samantha* in dem Film *Her*, spielt dabei kaum eine Rolle. Die Angst und Unsicherheit, die durch fiktive Darstellungen erzeugt werden, übertreffen die menschlichen Reaktionen auf wirkliche Roboter, welche häufig als »nicht gerade beeindruckend« empfunden werden, bei Weitem.[4]
*Grund 4: In die Robotertechnik fließen andere Technologien ein, die noch weniger verstanden und in vielen Kulturen als unheilbringend dargestellt werden.*

## Pfadabhängigkeit

Jede neue Technologie, die in einem Labor beginnt und dann eine breite Nutzung erfährt, durchläuft eine Reihe von Stadien. Anfänglich können zunächst die Grundlagenforschung und später die angewandte Forschung beinahe unüberwindliche Schwierigkeiten bereiten. Die technische

* Artificial Intelligence

Bearbeitung ist in diesem Stadium der Entwicklung kompliziert, und die vordringliche Hauptfrage lautet: »Wie können wir dies zum Funktionieren bringen?« Etwas später, bevor Unternehmer und andere die Frage des Geschäftsmodells lösen (»Wie könnte diese Technologie Geld einbringen?«), kommt ein Zeitpunkt, zu dem Design-Entscheidungen getroffen werden, die zu einem großen Teil die künftige Wirkung der Technologie prägen werden. Wechselstrom im Gegensatz zu Gleichstrom, die Spurweite von Eisenbahnschienen und das Layout von Schreibmaschinentastaturen sind alles Beispiele für einen ökonomischen Begriff, den man als »Pfadabhängigkeit« bezeichnet: Die gegenwärtig verfügbaren Wahlmöglichkeiten sind durch in der Vergangenheit getroffene technische Entscheidungen eingeschränkt.[5]

In den Bereichen Künstliche Intelligenz, Roboterwissenschaft, Sensortechnik sowie der Informationserfassung und -verarbeitung, unter anderen, sind wir an einem Punkt angelangt, ab dem ein Personenkreis jenseits der Ingenieure und Wissenschaftler in die Diskussion einbezogen werden sollte. »Wie können wir dies zum Funktionieren bringen?« ist nach wie vor ein zentrale Frage, doch wir haben auch die Wahl zwischen mehreren Pfaden in die Zukunft. Kurz gesagt: Es ist Zeit, mehr Leute zu fragen, was sie sich von diesen Technologien erhoffen – und wogegen sie sich wehren. Die Roboterwissenschaft hat zahlreiche potenzielle Implikationen: für wirtschaftliche Lebensgrundlagen und die Ansammlung von Vermögen, für die menschliche Identität und menschliche Beziehungen, für Staatsbürgerschaft und Kriegsführung, die Privatsphäre und die Handlungsfähigkeit von Individuen. Entscheidungen über Design umfassen Vieles mehr, was über bloße technische Einschränkungen hinausgeht. Politik, Wirtschaft, glückliche Umstände und andere Kräfte sind ebenfalls am Werk, werden bislang allerdings nur am Rande berücksichtigt.[6]

Um den Begriff der Pfadabhängigkeit konkreter zu machen, wollen wir uns zwei Beispiele ansehen. Jaron Lanier erzählt in seinem Buch *You are not a Gadget** eine Geschichte, die diesen wunderbar veranschaulicht. Als die digitale Schnittstelle für Musikinstrumente MIDI erstmals Synthesizer mit Computern verband, wurde eine Design-Weichenstellung vorgenommen, die auf dem damaligen Stand der Computerwissenschaft basierte: Tastaturauslöse-Impulse sollten grundsätzlich binär sein. Entweder wurde die Taste (in digitalem Sinne) »gedrückt«, oder nicht. Bei echter Musik, wie etwa im Blues, können Musiker Töne jedoch abwandeln oder anderweitig variieren, zum Beispiel auf einer Gitarre oder Harmonika. MIDI-Musik kann aufgrund der durch die Anfangsspezifikation festgelegten Pfadabhängigkeit so nicht klingen. Als Ergebnis bekamen wir 30 Jahre lang was Lanier als »piepsige« elektronische Musik

* *Du bist kein Apparat*

bezeichnet, obwohl es nicht notwendigerweise so hätte sein müssen.[7]

In jüngster Zeit hat Google versucht, seine sozialen Dienste wie YouTube, Gmail und GrandCentral (seit 2009, Google Voice) in ein Netzwerk namens »Google+«, welches das Unternehmen im Jahr 2011 gründete, zu integrieren. Aus einer Reihe von Gründen bestand dieser Dienst darauf, dass sich die Benutzer mit ihren wirklichen Namen und ihrer geschlechtlichen Identität anmeldeten. Die Identifizierung mit tatsächlichen Namen hatte zwar die erfreuliche Auswirkung, dass in einigen Foren die Anzahl der Flame Wars* verringert wurde, erleichterte es Google aber, für Werbezwecke das Verhalten seiner Benutzer über seine verschiedenen Dienste hinweg zu verfolgen. Dies kam für einige Leute, hinsichtlich ihrer Privatsphäre, einem Alptraum gleich. Weil Google die Daten aus Google+ in sein Android-Adressbuch eingebunden hatte, wurde in einer Textnachricht die sexuelle Identität mindestens einer transsexuellen Person ohne deren Zustimmung preisgegeben. 2014 gab Sergey Brin, der Google mit gegründet hatte und an den Design-Entscheidungen für Google+ maßgeblich beteiligt war, zu: »Ich bin wahrscheinlich der Letzte, der über irgendetwas Soziales reden sollte … Ich bin einfach keine besonders gesellige Person.«[8] Wie im Falle zahlloser anderer Design-Entscheidungen, hatte diese Ent-

* unsachliche Auseinandersetzungen mit persönlichen Beleidigungen

scheidung weitreichende Konsequenzen. Sie brachte einzelnen Personen nicht nur Unannehmlichkeiten und Schlimmeres: Brins starres Beharren auf einer Integration der realen Namen von Benutzern der zahlreichen Websites von Google entfremdete viele Benutzer und trug wahrscheinlich auch zur wenig begeisterten Aufnahme von Google+ durch die Öffentlichkeit bei. Zu einem späteren Zeitpunkt des Jahres 2014 gab er diesen Grundsatz auf.

## Warum die Roboterwissenschaft wichtig ist: Einige konkrete Überlegungen

Wodurch unterscheidet sich die Roboterwissenschaft von dem, was wir von 1950 bis etwa zum Jahr 2005 als Verwendung des Digitalcomputers kennengelernt haben? Im Folgenden führe ich einige wenige Beispiele für umfangreiche, komplexe Fragen an, mit denen wir uns auseinandersetzen müssen – und das sehr schnell.

1. Angesichts der Omnipräsenz von Kameras und Sensoren – auf Telefonmasten, im Gesicht und in den Hosentaschen von Menschen, im Boden (in Wasserrohren und zur Beobachtung von seismischer Aktivität) und am Himmel (die Fotografie mit Drohnen hat zu einem sich schnell entwickelnden Korpus gerichtlicher Urteile und Anfechtungen geführt) – werden die Grenzen der Privatsphäre, der Sicherheit und der Gefahren sämtlich neu festgelegt.

Welches sind die Rechte der Beobachteten und die Verantwortlichkeiten der Beobachter? (Eine beeindruckende dystopische Vision bezüglich lückenloser Überwachung, Gruppenzwang in sozialen Netzwerken und von Märkten, auf denen der Sieger alles einstreicht, findet man in Dave Eggers' Roman *The Circle*.)

2. Wenn Roboter an einem bewaffneten Konflikt teilnehmen: Wie und wann werden sie gehackt? Wer wird eine selbstfahrende Selbstmordbombe programmieren? (Vom Islamischen Staat wurde Anfang des Jahres 2016 berichtet, dass er dies tun würde.) Unterliegen die Piloten von Drohnen oder die Programmierer von Software für Roboter der Genfer Konvention? Wer ist verantwortlich, wenn Roboter foltern? Diese Technologie, von Militärs so aggressiv entwickelt, wird im Bereich von Kriegsführung und Konflikten vielfältige Diskussionen auslösen.

3. Informatik, Informationstheorie, Statistik und Physik (in Form magnetischer Speichermedien) werden alle durch die riesigen Datenmengen, die auf unserem Planeten erzeugt werden, auf dem immer mehr Apparate zum Einsatz kommen, einem Stresstest unterzogen. Sensoren sind ein wesentlicher Bestandteil von Robotern; die beiden Bereiche sind häufig schwer auseinanderzuhalten. Es heißt, dass weltweit im Durchschnitt alle zwei Sekunden ein Düsentriebwerk der Firma General Electric abhebt. Jedes Triebwerk generiert pro Flug ein Terabyte Daten.[9] Selbst wenn eine Datenkomprimierung von 10 zu 1 diese Zahl auf

100 Gigabyte pro Flug reduziert, entspricht dies einer unverarbeiteten Datenmenge, zu deren Speicherung pro Tag ca. eine Million DVDs erforderlich sind. Da diese Daten, und sei es auch nur für kurze Zeit, nicht vollständig gespeichert werden können, müssen die Gewinnung repräsentativer Stichproben, ihre (weitere) Komprimierung, ihre Protokollierung und andere auf die Daten angewendeten Verfahren weiter perfektioniert werden. Mit Informationsproblemen dieser Größenordnung zu arbeiten, in nahezu allen Bereichen, führt zu großen Herausforderungen in der Wirtschaft, an Universitäten, in der Medizin und sogar im Sport.

4. Die Halbwertzeit von technischem Wissen scheint immer kürzer zu werden, und zwar mit wachsender Geschwindigkeit. Maschinelles Lernen, maschinelles Sehen von Robotern und andere Bereiche befinden sich in rascher Entwicklung, was zunehmend schwierigere Beschäftigungsstrukturen und Karrierepfade zur Folge hat. Roboter werden offensichtlich manuelle Arbeiter verdrängen, aber Ingenieure, Programmierer und Wissenschaftler werden gleichfalls Mühe haben, ihre gegenwärtigen Kompetenzen als ihr Terrain zu verteidigen. Hinzu kommt, dass wir es immer mehr mit Plattformen (wie zum Beispiel Microsoft Windows, Apple iOS und Google Maps) statt mit Produkten zu tun haben. Plattformen sind wesentlich leistungsfähiger: Wie Chunka Mui und Paul Carroll gezeigt haben, lernt jedes selbstfahrende Auto von Google von den Erfah-

rungen jedes anderen Google-Autos.[10] Wie werden wir also lernen, über eine Welt nachzudenken, in der Google unsere Autos, Roboter, Thermostaten, Uhren und Telefone auf eine gemeinsame Android-Softwarebasis stellt? Die Ökonomie von Plattformen hat, mit ihren Schlüsselkonzepten wie Lock-In und Lizenzexklusivität, wirkungsmächtige und weitreichende soziale Folgen.

5. Welches sind die Verhaltensregeln im Umgang mit Computern, denen man quasi in freier Wildbahn begegnet? Eine Frau, die ein Google-Brillen-Headset trug, wurde in einer Bar bedroht, nachdem sie eine implizite soziale Abmachung verletzt hatte; für selbstfahrende Autos gibt es noch keine klaren Gesetze bezüglich ihrer Haftbarkeit; das 3-D-Drucken von Gewehren und patentierten oder durch Copyright geschützten Materialien muss noch geregelt werden; noch niemand weiß, was geschehen wird, wenn Leute in der Lage sein werden, einen Fremden auf dem Gehsteig durch Gesichtserkennung zu identifizieren; Google könnte auf Widerstand seitens der Konsumenten (oder der EU) stoßen, falls es Nest-Sensordaten verwenden sollte, um gezielte Werbung zu steuern. Zur Erinnerung daran, wie bedeutsam diese Regeln sind: Als das Telefon eingeführt wurde, galt es als unhöflich, jemanden zu grüßen, dem man noch nicht vorgestellt worden war. Daher gibt es in vielen Sprachen zwei Worte der Begrüßung: eins für das Telefon (das französische »Allô«) und eins für die persönliche Begegnung (»Bonjour«). Alexander Graham Bell hatte seine

eigene bevorzugte Lösung im Englischen: Er verwendete »Ahoy« für die Begrüßung am Telefon.[11] 130 Jahre später müssen wir in der nächsten Welle des Computereinsatzes vieles verhandeln, einschließlich der Normen, die für das gesellschaftliche Leben gelten sollen.

6. Wie werden diese Technologien die Fähigkeiten des Menschen erweitern und vergrößern? Das Leben des Menschen wird sich, sei es durch Exoskelette, Pflege-Roboter, Telepräsenz oder durch Prothesen, in den nächsten 100 Jahren in seiner Form, seiner Reichweite und seinem Wirkungsbereich verändern. Gleichzeitig stellt sich die Frage, wie der Mensch die neuen Computermodelle aktivieren und in Dienst nehmen wird. Einem Geldautomaten oder selbstfahrenden Auto müssen Instruktionen gegeben werden, ebenso wie dem da Vinci-Operationssystem (das, obwohl es robotergesteuert ist, eigentlich nicht als Roboter bezeichnet werden kann). Die Möglichkeiten der Zusammenarbeit von Menschen und computer-assistierten, mechanischen Systemen sind schwindelerregend: Wieviel mehr Stephen Hawkings, Adrianne Haslet-Davises[12], oder Robin Millars[13] werden wir noch sehen? Doch vorher müssen noch eine Vielzahl technischer und nicht-technischer Probleme erkannt, benannt und verhandelt werden (nicht einfach »gelöst«).[14] Und wie wird der Zugang zu diesen Augmentationen erteilt werden?

7. Verglichen mit Bildschirmen, Tastaturen und Mäusen hilft die Robotertechnik unzählige neue Methoden der

Interaktion von Mensch und Maschine auf den Weg zu bringen. Ein Kopfnicken, Augenzwinkern, Wischen mit dem Finger, gesprochene Befehle, ja sogar Gehirnwellen können Aktionen auslösen. Wie werden die Menschen, angesichts ihrer Vielfalt, kultureller Unterschiede, riesiger Unterschiede in der Sprache sowie materieller Restriktionen, wie Strombedarf oder Wasserbeständigkeit, es lernen, alle diese neuen Werkzeuge zu »steuern«? Eine faszinierende Reihe von Entscheidungen hat mit Farbe zu tun. Die Farbe vieler mobiler Roboter, darunter Sonys Aibo, Hondas Asimo, Bestic, Jibo, Beam und Atlas II, ist gegenwärtig ein klinisches Weiß. Erinnern wir uns daran, dass Desktop-PCs jahrelang eine beige Einheitsfarbe hatten, dann wurden Schwarz oder Grau üblich, bis Apple das Farbspektrum mit Türkis- und Orangetönen neu definierte. Angesichts der Tatsache, dass Computer, die dem Menschen durch die Arbeit damit sehr vertraut sind, verschiedenartige gesellschaftliche Vorstellungen vermitteln, wird es interessant sein zu beobachten, wie der rote Baxter Roboter aufgenommen werden wird, und ob man vielleicht schwarze oder braune Varianten autonomer Roboter entwickeln wird, möglicherweise für Märkte mit weniger hellhäutigen Konsumenten.

8. Die Infrastruktur, die von der Roboterwissenschaft und ähnlichen Bereichen (wie etwa dem »Internet of Things«, oder IoT) ermöglicht – und benötigt – wird, ist sehr verschieden von derjenigen einer auf Industrien ba-

sierenden Wirtschaft. Mit wachsenden Anforderungen werden Systeme größer, und Management- und Steuerungstechniken werden besser. Zum Teil spiegeln diese Änderungen neue Risiken wider. Robotertechnologien erfordern auch unterschiedliche Arten von Arbeitsplätzen: Lagerhäuser müssen nicht mehr klimatisiert werden, damit Menschen es darin aushalten können, aber Fließbandroboter benötigen Sicherheitskäfige. Verkehrssysteme werden sich verändern, weil bewegliche Roboter unterwegs – sei es auf einer Straße, in der Luft oder in einem Krankenhausflur – andere Signale und Sicherheitsvorkehrungen als menschliche Fahrer benötigen.

Zusammen geht es in diesen acht Fragereihen um juristische, weltanschauliche und wirtschaftliche Fragen sowie die Erziehung, die öffentlichen Güter, die öffentliche Sicherheit und die menschliche Identität betreffende Probleme. Darin involviert sind, unter anderem, die technischen Fachbereiche des Energiemanagements, der magnetischen Speicherung, der Werkstoffkunde sowie der algorithmischen Berechnungen. Angesichts der Breite und der Größe ihres Einflusses sind Roboter einfach zu wichtig, und uns mittlerweile zu nahe gerückt, um sie ausschließlich technischen Spezialisten zu überlassen.

## Zusammenfassung

Die Gesetze, Erzählungen, wirtschaftlichen Kräfte und blinden Flecken, die Roboter und die Roboterwissenschaft begleiten, sind weder unausweichlich noch offensichtlich. Es ist mühsam, sie zu verfassen, zu entwirren und einzuschätzen. Die nächste Welle des Einsatzes von Computern wird zu tiefgreifenden Veränderungen führen, die letztlich denjenigen gleichkommen werden, die durch Automobile, die Verwendung von Elektrizität im Haushalt, oder fließendes Wasser herbeigeführt wurden. (Denken wir, als ein Beispiel, an die umfangreiche Auswirkung der Kriegsführung mit Drohnen, ohne öffentliche oder parlamentarische Aussprache über ihre ethischen, politischen und strategischen Implikationen.) Macht man sich klar, dass die Technologien für selbstfahrende Autos, eingebettete oder am Kopf getragene Computer oder Sensoren und autonome Roboter nicht erst in Jahrzehnten, sondern bereits in Monaten auf den Markt kommen werden, muss der Kreis derjenigen, die sie kritisch im Auge behalten, vergrößert werden. Immer wieder haben Ingenieure und Wissenschaftler die Frage beantwortet: »Wie können wir dies zum Funktionieren bringen?« Es ist nunmehr an der Zeit, dass mehr von uns sich fragen: »Welche realistischen Entscheidungen können auf jedem dieser Gebiete getroffen werden?« – und helfen, diese Entscheidungen zu treffen.

Dieser Prozess ist alles andere als einfach: Menschen wissen häufig nicht, was sie wollen, wenn man ihnen bekannte Alternativen vorlegt, wie Untersuchungen über »Entscheidungsarchitekturen« deutlich machen.[15] Als Methode der Bewertung von »allerneuesten« Produkten weisen Testgruppen und andere Marktforschungstechniken verhängnisvolle Fehler auf. Vor der Einführung des iPhones waren die Verkäufe von Smartphones weitgehend auf BlackBerry- und Nokia-Geräte beschränkt, von welchen keine über Glasschnittstellen verfügten. Fünf Jahre später waren beide Firmen so gut wie irrelevant geworden, da Apple und Googles Betriebssystem Android den Mobiltelefonmarkt beherrschten, obgleich sowohl Research in Motion als auch Nokia große Summen für Forschung und Entwicklung ausgaben. Bislang haben Robotermärkte ihre Präferenzen noch nicht erklärt. Dennoch ist für private Drohnen, am Kopf getragene Computer und andere Technologien die Zeit gekommen, um »Verkehrsregeln«, vollständige Verbote und Warnzeichen zu erwägen, an denen man sich in den Frühphasen der Einführung orientieren kann.

Das Fachgebiet der »Roboterethik« geht auf einige dieser Herausforderungen ein.[16] Eine Denkweise geht bis auf Isaac Asimov zurück, und nach wie vor werden beträchtliche Anstrengungen unternommen, um mit den Problemen fertig zu werden, die sich aus der Gegenüberstellung von menschlichen und computergesteuerten, mechanischen

Handlungen ergeben. Dies gilt insbesondere in Kontexten, in denen Menschen zu Schaden kommen können. Menschen haben außerdem die tiefsitzende Angewohnheit, Erkenntnis und Beweggründe zuzuschreiben (»Die Maschine denkt«), wo weder die eine noch die anderen vorliegen. Näher an unserer Gegenwart hat die moralische Dimension von Kampfrobotern, die programmiert sind, im Interesse der Selbsterhaltung als erste zu schießen, weltweite Aufmerksamkeit erregt, wie etwa von der Nichtregierungsorganisations-Gruppe *Campaign to Stop Killer Robots**.[17] An anderer Stelle hat sich Steven Pinker, ein führender Hirnforscher, eindeutig zur moralischen Verantwortung des Menschen geäußert: »Warum sollte man einem Roboter befehlen, Befehlen zu gehorchen – warum reichen die ursprünglichen Befehle nicht aus? Warum sollte man einem Roboter befehlen, keinen Schaden zuzufügen – wäre es nicht einfacher, ihm grundsätzlich niemals zu befehlen Schaden zuzufügen?«[18] Hinzu kommt, dass die aufkommende Leistungsfähigkeit der Künstlichen Intelligenz, einem Fachgebiet mit umstrittenem Selbstverständnis und einer breiten Anwendung in der Robotertechnik, die Grenzen zwischen Mensch und Maschine sogar noch verschwommener werden lässt. Bei einigen der Design-Entscheidungen, die in den nächsten Jahren getroffen werden, steht viel auf dem Spiel: Sie haben Konsequenzen, die den

* Kampagne zur Verhinderung von Tötungsrobotern

Kern der Handlungsfähigkeit, der Identität und des Weltbilds des Menschen berühren.

Die Roboterwissenschaft führt eine neue Ebene der Komplexität in die Bereiche der Künstlichen Intelligenz, der »Big Data«, und – letztlich – des menschlichen Selbstverständnisses ein. Nicht nur erhält die lange Geschichte der menschlichen Bemühungen, künstliches Leben zu erzeugen, ein neues Kapitel, sondern Menschen können jetzt auch in riesigen Netzwerken, die sich anders verhalten als ein Einzelwesen, künstliches Leben schaffen: Frankensteins Kreatur kann als ein Vorläufer des Atlas-Roboters von Boston Dynamics verstanden werden, aber es gibt keinen genauso offensichtlichen Vorgänger für sich selbst anpassende Sensorennetze oder für Schwärme von sich selbst organisierenden Drohnen. Diese Veränderung erfolgt mit einem größeren Tempo technischer Innovation, als Menschen es gewohnt sind, was weitere Komplikationen mit sich bringt.

Der Wandel im Bereich der Entwicklung künstlichen Lebens befindet sich in den Anfängen, und der menschliche Intellekt wird häufig als das Ideal hochgehalten, nach dem die Designer von Maschinen streben sollten. Ray Kurzweils gesamter Begriff der Singularität beruht auf »der Idee, dass wir die Fähigkeit besitzen, unsere eigene Intelligenz zu verstehen; auf unseren eigenen Quellcode zuzugreifen, sozusagen, und ihn dann zu revidieren und zu erweitern«.[19] Gleichzeitig stellen Maschinen, welche die Fähigkeiten des

Menschen übertreffen, ein neues Kapitel des Mems* »Technik außer Kontrolle« dar, das der Technikhistoriker Langdon Winner so gekonnt katalogisiert hat. Obwohl es im Frühstadium der Übernahme einer jeden neuen Technologie klug ist, vorsichtig zu sein, wie Beispiele aus dem Bereich der Atomenergie deutlich zeigen, ist unsere Angst vor robotergestützten Technologien zum größten Teil unangebracht. Laut Rodney Brooks, dem Direktor von Rethink Robotics und langjährigen MIT-Forscher auf diesem Gebiet, ist es äußerst schwierig, echte Künstliche Intelligenz zu realisieren. Bevor Siliziumschaltkreise bewusste Bosheit entwickeln, wird wahrscheinlich noch ein ganzes Jahrhundert verstreichen. Wie Brooks im November 2014 festhielt: »Wenn wir ungeheures Glück haben sollten, werden wir in den nächsten 30 Jahren Künstliche Intelligenz mit der Intentionalität einer Eidechse haben, und Roboter, die diese verwenden, werden nützliche Werkzeuge sein. Und sie werden sich unserer Existenz wahrscheinlich nicht wirklich auf ernst zu nehmende Weise bewusst sein. Sich über Künstliche Intelligenz Sorgen zu machen, die uns absichtlich Böses will, ist reine Panikmache. Und eine riesige Zeitverschwendung.«[20]

---

* »Mem« ist ein Parallelbegriff zu »Gen«. Wärend Gene durch Fortpflanzung körperliche Eigenschaften weitergeben, bezeichnet ein Mem einen einzelnen Bewusstseinsinhalt, der durch Kommunikation weitergegeben und so vervielfältigt werden kann. Der Begriff geht auf den britischen Evolutionsbiologen Richard Dawkins zurück.

In mancher Hinsicht befindet sich die Menschheit bei der Entwicklung Künstlicher Intelligenz in einem Stadium, das einem Punkt irgendwo zwischen da Vinci und den Gebrüdern Wright bei der Entwicklung des motorisierten Fliegens entspricht. Flugzeuge fliegen nicht durch Flügelschläge, und Vögel transportieren keine 500 Personen über eine Entfernung von 15 000 Kilometern. Projekte, die versuchen, die Funktionsweise des menschlichen Gehirns, die mehr mit Chemie als mit Elektronen zu tun hat, zu analysieren und zu rekonstruieren, scheinen in ihrer Anwendbarkeit begrenzt. Statt Hollywood-Archetypen und sprachlicher Anspielungen benötigen wir die Art von Laborforschung, für die Orville und Wilbur Wright weniger Anerkennung zuteil wurde. Sie erfanden nicht nur das Flugzeug, sondern wir verdanken ihnen außerdem wichtige Fortschritte in der Flugtechnik (ebenso wie die Methode zur Steuerung eines Flugzeuges). Die in die Roboterwissenschaft und die Künstliche Intelligenz eingebetteten menschlichen Metaphern wirken sich auf den Fortschritt in diesem Bereich aus und halten uns wahrscheinlich ebenso sehr zurück, wie sie uns inspirieren. Die Künstliche Intelligenz des 22. Jahrhunderts wird das menschliche Gehirn vermutlich ebenso wenig nachahmen, wie ein Flugzeug einen Vogel nachahmt, oder ein Rad ein Bein. Das Problem so abstrakt zu fassen, dass es die Nachahmung biologischer Systeme transzendiert, stellt einen ersten Schritt in diesem Prozess dar: Wer wird das Äquivalent des Windtunnels zum Verständnis der Kognition bauen?

Ungeachtet des Zustands der Computerforschung, der Science-Fiction oder der Herstellung von Filmen: Wir sind im Begriff, ein neues Gebiet an der Grenze der Technik zu kolonisieren. Und obwohl den Pionieren Ehre gebührt, ist es gleichfalls angebracht, dass auch die Siedler eine Stimme haben, wenn es um die Gesetze, die Gepflogenheiten, die Wirtschaftssysteme und die gesellschaftlichen Konventionen geht, die wir befolgen werden. Weil uns Computer immer näher auf den Leib rücken und sie unsere materielle Umwelt bevölkern und transformieren, ist es an der Zeit, die gedanklichen Modelle zu hinterfragen, die wir für Beschreibungen in der Roboterwissenschaft verwenden.

2

# DIE VORGESCHICHTE EINER IDEE

Menschen haben seit Jahrtausenden versucht, künstliches Leben herzustellen, und viele Roboter des frühen 21. Jahrhunderts sind Fortsetzungen dieser Traditionen. Es ist wichtig, sich des Kontexts der gegenwärtigen Bemühungen bewusst zu sein, besonders angesichts des problematischen Charakters und der langen Dauer einiger darin enthaltener Diskussionen: So ist es kaum möglich, die Wirkung von Mary Shelleys *Frankenstein* zu überschätzen, um nur ein Beispiel zu nennen.

## Wörter

Bevor wir einen Blick auf die Geschichte werfen, möchte ich etwas zur Terminologie sagen. Obwohl es sich um einen so vertrauten Begriff handelt, zeigt es sich, dass Roboter äußerst schwer zu definieren sind. Laut dem *American Heri-*

*tage Dictionary of the English Language* (3. Auflage) ist ein Roboter »ein mechanisches Gerät, *das manchmal einem menschlichen Wesen ähnelt*, und das in der Lage ist, eine Vielzahl oft komplexer menschlicher Aufgaben auf Befehl oder durch vorherige Programmierung auszuführen« (meine Hervorhebung). Diese Bio-Mimikry wirft eine Reihe von Fragen auf, insbesondere in Bezug auf autonome Roboter. Die Definition des *Oxford English Dictionary* führt einen zweiten, literarischen Bereich der Komplexität ein: »Hauptsächlich *Science-Fiction*. Ein intelligentes künstliches Wesen, das typischerweise aus Metall hergestellt ist und in gewisser Weise einem Menschen oder anderen Tier ähnlich sieht.«

Roboterwissenschaftler selbst finden es schwierig, eine klare Definition ihres Fachgebiets festzulegen. George Bekey, ein Experte für autonome Roboter, definierte einen Roboter anhand seiner charakteristischen Merkmale: Wahrnehmung, maschinelles Erkennen, und physische Aktion. »Frage niemals einen Roboterwissenschaftler, was ein Roboter ist«, sagt uns Illah Reza Nourbakhsh (ein weiterer Experte für autonome Roboter) von der Carnegie Mellon Universität. »Die Antwort ändert sich zu schnell. Wenn die Forscher ihre neueste Diskussion darüber abgeschlossen haben, was ein Roboter ist, und was er nicht ist, verschiebt sich die Grenze weiter, während neue Interaktionstechnologien auf den Plan treten.«[1] Als Rodney Brooks am MIT war, nannte er Roboter »künstliche Kreaturen«.[2] Laut einem zufällig ausgewählten College-Lehrbuch definiert das

*Robot Institute of America* einen Roboter »als einen reprogrammierbaren, multifunktionalen Manipulator, der dazu bestimmt ist, Werkstoffe, Bauteile, Werkzeuge oder Spezialgeräte für die Durchführung einer Vielzahl von Aufgaben durch verschiedene programmierte Bewegungen zu handhaben. *Diese Definition schließt den Menschen nicht aus.*«[3]

Cynthia Breazeal vom MIT wurde durch ihre Arbeit an Kismet berühmt, einer bestimmten Art von menschenähnlichem Roboter, der über Gesten, Gesichtsausdrücke und Geräusche mit Personen interagierte. »Was ist ein geselliger Roboter?«, fragte sie in ihrem Buch zu dem Thema. »Es ist ein schwer zu definierender Begriff.« Nachdem sie auf einige Beispiele aus der Science-Fiction-Welt hingewiesen hatte, stellte sie fest: »Um es kurz zu sagen, ein geselliger Roboter zeigt soziale Intelligenz auf eine menschliche Weise und die Interaktion mit ihm gleicht der Interaktion mit einer anderen Person. In ihrer ausgereiftesten Form könnten sie sich mit uns befreunden, und wir uns mit ihnen.«[4] Auch in diesem Fall bezieht sich eine führende Roboterwissenschaftlerin zur Beschreibung von Robotern demnach auf das, was sie *tun*, statt auf das, was sie *sind*.

Zwei erst vor relativ kurzer Zeit aufgestellte Definitionen veranschaulichen den Mangel an Konsens, der ein echtes Problem darstellt, wenn es darum geht, eine informierte Diskussion über ein Thema anzustoßen, das weitreichende Konsequenzen für das persönliche und öffentliche Leben haben wird. Maja J. Mataric von der Universität von Südkalifornien veröffentlichte im Jahr 2007 *The Robotics Primer* als ein Schullehrbuch für dieses wichtige Fachgebiet. Schon fast direkt zu Beginn des ersten Kapitels stellt sie fest: »Ein *Roboter* ist ein autonomes System, das in der physischen Welt existiert, seine Umgebung wahrnehmen und darauf einwirken kann, um bestimmte Ziele zu erreichen.« Anschließend unterstreicht sie ihre Überzeugung, dass »echte Roboter [...] Input und Ratschläge von Menschen annehmen können, [...] jedoch nicht vollständig von ihnen kontrolliert werden.«[5]

Kontrastieren wir nun diese strenge Definition, die viele allgemein bekannte Maschinen wie etwa Chirurgie-Roboter, Drohnen und in der Industrie eingesetzte Roboter ausschließt, mit der Definition, die in einem Interview in der Sendung *60 Minutes** im Jahr 2013 verwendet wurde, in der es um durch technische Entwicklungen herbeigeführte Arbeitslosigkeit ging. Der Erzähler Steve Kroft begann diesen Beitrag indem er feststellte: »Jeder hat eine unterschiedliche Vorstellung davon, was ein Roboter ist, und wie sie aussehen. Die umfassende allgemeine Definition ist jedoch die einer Maschine, welche die Arbeit eines Menschen ausführen kann. Sie können beweglich oder stationär sein, auf Hardware oder Software basieren und sie marschieren heraus aus dem Reich der Science-Fiction und hinein in unsere Mitte.«[6] Abgesehen vom fast völligen

* Interview-Serie des amerikanischen Fernsehsenders CBS News

Mangel an Übereinstimmung mit den Definitionen der Roboterwissenschaft ist diese Charakterisierung außerdem bemerkenswert aufgrund des implizierten Themas der unkontrollierbaren Maschinen, die sich gegen ihre menschlichen Herren auflehnen.

Aus dem Innersten der Computerwissenschaft kommt ein ähnlich inklusives Verständnis. Vinton Cerf, der aufgrund seiner Arbeit am Transmission Control Protocol (TCP) und dem Internet Protocol (IP), welche dem gesamten Internetverkehr zu Grunde liegen, einer breiten Öffentlichkeit bekannt ist, wurde im Jahr 2012 zum Präsidenten der *Association of Computing Machinery* gewählt. Im Januar 2013 behauptete Cerf in einem Editorial »dass der Begriff des Roboters sinnvollerweise erweitert werden könnte, um Programme einzuschließen, die Funktionen ausführen, Inputs verarbeiten und Outputs produzieren, die eine wahrnehmbare Wirkung haben«. Nachdem er den Hochfrequenz-Aktienhandel als Beispiel angeführt hatte, behauptete er, man könne »den Schluss ziehen, dass wir sämtliche Programme als Roboter behandeln sollten, die Auswirkungen, wenn auch keine physischen, auf die reale Welt haben können«. In seiner Schlussfolgerung zeigt Cerf sich über die Implikationen für die gegenwärtige Computer- und Kommunikationswelt besorgt, einschließlich der streng definierten Roboterwissenschaft:

»Ich glaube es wäre ein Beitrag zu unserer Gesellschaft, ein tieferes Nachdenken darüber zu ermutigen, was wir in der Computerwelt produzieren, über die Werkzeuge, die wir bei unserer Produktion verwenden, über die Widerstandskraft und Zuverlässigkeit, die diese Produkte an den Tag legen, *sowie über die Risiken, die durch sie entstehen können.*«[7]

Dieses Denken hilft, die Diskussion der Roboterwissenschaft weg vom Anthropomorphismus und hin zum Thema der Zweckdienlichkeit zu bewegen. Cerf sieht einen Roboter größtenteils als eine Funktion von Software und nicht als das Gehäuse, in dem sie sich befindet. Diese Software hat jedoch zunehmend Konsequenzen für die materielle Wirklichkeit, sei es in Form von Dienstverweigerungsangriffen, der Cyber-Kriegsführung gegen physische Infrastrukturen (wie etwa das Computervirus Stuxnet, das im Iran Zentrifugen deaktivierte, die für den Bau von Atomwaffen benötigtes Material anreicherten), oder eines mobilen und möglicherweise autonomen Roboters.

Die für unsere Zwecke nützlichste Definition stammt von George Bekey, der im Jahr 2005 schrieb, dass »ein Roboter eine *Maschine [ist], die wahrnimmt, denkt und handelt*. Daher muss ein Roboter über Sensoren verfügen, über eine Fähigkeit zur Datenverarbeitung, die einige Aspekte der Kognition nachahmt, und über Aktoren«.[8] Die Roboterwissenschaft besteht aus sämtlichen Wissenschaften, die zum Studium, zur Entwicklung und Konstruktion dieser Geräte zusammenarbeiten: Die Computerwissenschaft befindet sich dabei in vorderster Reihe, doch stützt sich die Roboterwissenschaft auch auf die Werkstoffkunde, Psychologie, Statistik, Mathematik sowie verschiedene andere Disziplinen der Physik und der Ingenieurwissenschaften. Die Wissenschaft der Künstlichen Intelligenz beschäftigt sich mit der Rekonstruktion menschlicher Kognition auf Silizium-Halbleiterbasis, entweder im Allgemeinen oder in einem begrenzten Bereich, in dem die KI eingeschränkt und optimiert werden kann.

## Historische Automaten

Trotz dieser Ungewissheit bezüglich seiner Definition erkennen Milliarden von Menschen überall auf der Welt einen Roboter, wenn sie einen sehen, und zwar aufgrund der durch Literatur und Hollywoodfilme vermittelten Darstellungen. Daher ist es wichtig, den genauen Ursprung des Begriffs zu kennen. Schon seit Jahrtausenden haben Menschen automatisierte Modelle lebender Systeme angefertigt. Kuckucksuhren, Spielzeuge und ausgeklügelte, für scherzhafte Täuschungsmanöver hergestellte Automaten gibt es seit Hunderten von Jahren. Einer von ihnen geht auf das Jahr 1770 zurück. Hierbei handelt es sich um einen Schach spielenden Automaten, der sowohl Benjamin Franklin als auch Napoléon I. besiegte, da sich in seinem Inneren ein Schachmeister versteckt hatte. Er lieferte den Namen für Amazons Service Mechanical Turk (M Turk), bei dem Computer bei der Lösung von Aufgaben, die Computer nur schwer lösen können, Menschen um Hilfe bitten, wie zum Beispiel bei der Bilderkennung. Eine noch unterhaltsamere Erfindung kam aus Frankreich, einem Land, das weiterhin hilft, den Horizont der Roboterwissenschaft abzustecken. Jacques de Vaucanson, ein Kind der Aufklärung, versuchte die Vorstellung, dass das Universum ein Uhrwerk sei, auf Lebewesen zu übertragen. Im Jahr 1735, im Alter von 26 Jahren, erfand er »einige Maschinen, denen es gelang, die öffentliche Neugier zu erregen«, insbesondere eine mechanische Ente.[9]

Vaucansons Ente verband ein realistisches Äußeres mit einigen, wenig überraschenden mechanischen Merkmalen: Sie konnte sitzen, stehen, watscheln, schnattern, Wasser trinken und Maiskörner fressen. Ein sekundärer Trick machte Vaucanson berühmt und sicherte ihm, neben René Descartes, Jean-Baptiste Colbert und Blaise Pascal, die Wahl in die renommierte *Academie des Sciences*: Die mechanische Ente war auch in der Lage, ihren Darm zu entleeren. Die Leute standen Schlange, um das Wunder zu sehen. Bei einigen von ihnen entsprachen die Eintrittsgebühren ihrem wöchentlichen Gehalt. Vaucanson wurde anschließend Direktor der französischen Seidenspinnereien. Für sie erfand er 1745 ein Lochkartensystem zur Steuerung der Webmuster – was eine für den 1801 entwickelten Jacquard-Webstuhl grundlegende Erfindung darstellte. Das System sollte sich als einflussreich für die frühe Geschichte des

Computers erweisen, in der man ebenfalls Lochkarten verwendete, um die Reihenfolge von bestimmten Operationen zu steuern. Was die Ente betraf, so stellte man 40 Jahre später fest, dass es sich dabei – wie bei der Schach spielenden Maschine – um eine Täuschung handelte: Der Vogel konnte nicht verdauen, sondern sammelte die aufgenommene Nahrung in einem Behälter, und sonderte deren Endprodukt aus einem zweiten Behälter ab.

Der bekannte politische Beobachter P. W. Singer weist darauf hin, dass Vaucansons Ente ein schillerndes Beispiel für die lange andauernden Bemühungen des Menschen darstellt, künstliches Leben zu erschaffen. In der jüdischen Volksliteratur gibt es seit biblischen Zeiten die Figur des Golems, bei der es sich um ein anthropomorphes Wesen handelt, das aus unbelebtem Material fabriziert wurde. Jahrhundertelang wurde das Wort »Android« zur Beschreibung von »menschenähnlichen Automaten« verwendet, um das *Oxford English Dictionary* zu zitieren. (Das Wort geht auf das Jahr 1728 zurück, weniger als ein Jahrzehnt vor der berühmt-berüchtigten Ente.) In ihrem 1818 veröffentlichten Werk *Frankenstein*, das häufig als der erste Science-Fiction Roman bezeichnet wird, beschreibt Mary Shelley die unheilvollen Konsequenzen des Versuchs, Leben im Labor herzustellen. Im Jahre 1822 konstruierte Charles Babbage seine »Differenzmaschine«, eine mechanische Rechenmaschine, die aus mehr als 25 000 Teilen bestand. Menschen haben also seit langer Zeit versucht, Simulationen biologischen Lebens zu kreieren. Ab wann traten Roboter auf den Plan?

## Automaten in Science-Fiction

Als er 1920 sein Stück *R.U.R.* (Rossum's Universal Robots) veröffentlichte, war Karel Čapek ein bekannter tschechischer Intellektueller. Wie andere Autoren war auch er über das durch mechanische und chemische Waffen verursachte Gemetzel entsetzt, durch das sich der erste Weltkrieg von früheren bewaffneten Konflikten unterschied. Das Stück führte den Roboter, einen künstlichen Menschen aus biologischer Substanz, in die englische Sprache ein, und zwar als einen Protest gegen die durch das moderne Zeitalter herbeigeführte Entmenschlichung: Der Begriff kritisierte in einem Konformität, Mangel an Ambitionen und eine heitere Haltung zu langweiliger Arbeit. Das Wort leitet sich von dem tschechischen Wort »robota« ab, was Zwangsarbeit bedeutet, wie sie von Leibeigenen verrichtet wurde. Sein slavischer Wortstamm »rab« bedeutet »Sklave«. Das ursprüngliche Wort für Roboter definiert also genauer gesagt Androiden, da diese weder aus Metall bestanden, noch mechanisch waren; mehrere von ihnen wurden in dem Theaterstück fälschlicherweise für Menschen gehalten.

Das Stück wurde vielerorts aufgeführt und sein Text in zahlreiche Sprachen übersetzt. Wahrscheinlich weil die

Zeit für die Idee des Roboters gekommen war, zumindest was Science-Fiction betrifft, nahmen die populären Beschreibungen von Robotern in den folgenden Jahrzehnten zu. Das Definitionsdilemma, in dem wir uns heute befinden, geht also auf die Zeit von vor etwa 100 Jahre zurück, eine Zeit, in der ein literarischer Künstler eine Sklavenmetapher verwendete, um gegen die Entwertung des menschlichen Lebens in einer mechanischen Ära zu protestieren. Während der gesamten 1920er Jahre drehten sich die Darstellungen von Robotern um die Hybris des Menschen, der glaubte künstliches Leben erschaffen zu können. Man verband mechanische Erfindungen mit *Frankenstein* und früheren Legenden über eine Menschheit, welche die ihr gesetzten Grenzen überschreiten wollte. Im Jahr 1942 wurde der Begriff des Roboters durch die nächste Definitionswelle allerdings in eine wesentlich positivere Richtung gelenkt.

Entweder direkt durch seine Schriften oder indirekt durch seinen breiten Einfluss ist Isaac Asimov, der als Isaak Yudovich Ozimov 1920 in Russland geboren wurde, im Alleingang für das verantwortlich, was die meisten Nordamerikaner unter einem Roboter verstehen. Zu Beginn seiner außerordentlich fruchtbaren Karriere als Schriftsteller – er hat über 500 Bücher verfasst – half Asimov, das moderne Genre der Science-Fiction zu begründen. In späteren Jahren veröffentlichte er Literaturkritik, nicht-fiktionale wissenschaftliche Texte, Mysterien und Romane. Nachdem er

1939 den ersten seiner drei akademischen Abschlüsse im Fach Chemie von der Columbia-Universität erhalten hatte, tat sich Asimov mit John W. Campbell zusammen, der Herausgeber des Magazins *Astounding Science Fiction* war, um die drei Gesetze der Roboterwissenschaft aufzustellen. Sie dienten sowohl als Leitprinzipien für Asimovs Science-Fiction über Roboter, als auch Generationen von Roboterwissenschaftlern, deren Fachgebiet es zur damaligen Zeit noch an einer formalen Definition, ethischen Maßstäben und anderen Merkmalen einer reifen Disziplin fehlte, als Orientierung. In den frühen Jahren des komplexen Entwicklungsprozesses des Arbeitsfeldes der Roboterwissenschaft war Science-Fiction für die junge Disziplin äußerst inspirierend und die einzige weithin verfügbare Ressource, und Asimov stand an der Spitze der Science-Fiction.

Wie er später in einer nichtfiktionalen Einleitung zum Zustand der Roboterwissenschaften in den 1980er Jahren schrieb, hatte er »genug von Robotern, die entweder unrealistisch böse oder unrealistisch edel waren«, und er begann »Science-Fiction-Erzählungen zu schreiben, in denen Roboter lediglich als Maschinen betrachtet wurden, die – wie alle Maschinen – so gebaut worden waren, dass man versuchte, angemessene Sicherheitsvorkehrungen zu treffen«.[10] Neun von den in den 1940er Jahren als Reaktion auf dieses Bestreben geschriebene Geschichten wurden in dem Buch *Ich, der Roboter* zusammengefasst. In einer dieser Geschichten prägte Asimov den Ausdruck »Robotik« und gab damit einem gesamten Fachgebiet der modernen Wissenschaft und Technik seinen Namen.

Asimovs drei Gesetze der Robotik waren zur Definition einer fiktionalen Umgebung gut geeignet, in der konkreten Praxis erwiesen sie sich jedoch als weniger nützlich, egal wie oft Leute auch versuchten sie 75 Jahre, nachdem sie *als Prämisse für eine Fantasie* verfasst worden waren, in Hardware zu kodieren. Die Gesetze haben folgenden Wortlaut:

1. Ein Roboter darf kein menschliches Wesen verletzen oder es durch die Unterlassung von Hilfe zulassen, dass ein Mensch zu Schaden kommt.
2. Ein Roboter muss die ihm von menschlichen Wesen gegebenen Befehle befolgen, es sei denn, solche Befehle führten zu einem Konflikt mit dem ersten Gesetz.
3. Ein Roboter muss seine eigene Existenz schützen, solange es durch diesen Schutz zu keinem Konflikt mit dem ersten oder zweiten Gesetz kommt.[11]

Als seine Geschichten später auch Roboter einschlossen, die mit ganzen Zivilisationen, und nicht nur mit Individuen interagierten, fügte Asimov ein viertes Gesetz hinzu, das als »nulltes Gesetz« bezeichnet wurde, um damit anzuzeigen, dass es, der logischen Reihenfolge nach, an erster Stelle stand. Dieses Gesetz hat Priorität vor seinen anderen Gesetzen:

0. Ein Roboter darf die Menschheit nicht verletzen oder es durch die Unterlassung von Hilfe zulassen, dass die Menschheit zu Schaden kommt.

Asimovs Gesetze haben unter den Roboterwissenschaftlern weiterhin großen Einfluss, obwohl bereits eine kursorische Lektüre nahelegt, dass es schwer oder unmöglich ist, sie in Siliziumschaltkreisen zu realisieren. P. W. Singer geht auf Asimovs Gesetze im Zusammenhang von Drohnen und anderen militärischen Technologien ein, die definitionsgemäß das erste Gesetz ignorieren. Singer stellt fest, dass das Fehlen von technologiespezifischen ethischen Verhaltensregeln auf dem Gebiet des bewaffneten Konflikts besorgniserregend ist. (Kann ein Roboter beispielsweise als Folterinstrument verwendet werden?) Doch dies sei nicht überraschend – angesichts der Art und Weise, wie in den meisten Industrien Drogen, Gewehre, Automobile und andere Technologien mit komplexen moralischen Implikationen gesetzlich reguliert werden: so wenig wie möglich.[12] Rodney Brooks, der über Jahre Direktor der Robotik-Initiative des MIT war, sagt schlicht und einfach: »Wir wissen nicht, wie man Roboter bauen kann, die aufnahmefähig und intelligent genug sind, um diese drei Gesetze befolgen zu können«. Und er fügt hinzu, es sei möglich, dass Asimov »nicht erkannt hat, was für eine große Wahrnehmungslast diese drei Gesetze einem Roboter auferlegen«.[13]

Erst 2009 veröffentlichten die Professoren Robin Murphy von Texas A & M und David D. Woods von der staatlichen Universität von Ohio ihre »Drei Gesetze der verantwortungsbewussten Roboterwissenschaft«. Der Aufsatz hatte das Ziel, notwendige Fragen bezüglich Verantwortung, Intention sowie unbeabsichtigter Konsequenzen zu stellen, und zwar nicht in Bezug auf fiktive Geschichten, sondern auf Fabriken, Pflegeheime und Laboratorien der realen Welt. Die Gesetze sind im Folgenden aufgeführt. Man beachte die Vorrangstellung, die in diesen der menschlichen Verantwortung vor der künstlichen, technischen Weisheit eingeräumt wird:

1. Ein Mensch darf einen Roboter nicht einsetzen, ohne dass das Mensch-Roboter-Arbeitssystem den höchsten juristischen und professionellen Standards von Sicherheit und Moral genügt.
2. Ein Roboter muss auf Menschen reagieren, wie es ihren Rollen entsprechend angemessen ist.
3. Ein Roboter muss mit genug situativer Autonomie ausgestattet sein, um seine eigene Existenz zu schützen, solange ein solcher Schutz einen reibungslosen Kontrolltransfer gewährleistet, der mit dem ersten und zweiten Gesetz nicht in Konflikt steht.[14]

Kurz gesagt: Ein Problem der umfassend verbreiteten Science-Fiction ist, dass darin anstelle des Menschen der Roboter als relevanter moralischer Akteur hervorgehoben wird.

Ein Problem der umfassend verbreiteten Science-Fiction ist, dass darin anstelle des Menschen der Roboter als relevanter moralischer Akteur hervorgehoben wird.

## Grauer Bereich

Nach mehr als einem halben Jahrhundert von Feldversuchen mit computergesteuerten Robotern fehlt uns noch immer ein vollständiges oder nuanciertes Verständnis dessen, was ein Roboter ist, oder was er nicht ist. Im Falle eines fahrerlosen Transportfahrzeugs (FTF), das einem Leitstreifen auf dem Boden eines Lagerhauses folgt, sind Wahrnehmung und Ortsveränderung vorhanden, doch es scheint, dass Kognition nicht benötigt wird, oder nur in minimalem Umfang. Es ist zu bemerken, dass die ersten FTFs nicht als »Roboter« bezeichnet wurden, und selbst heute ist nicht klar, wie solche Geräte einzuordnen sind.

Im Gegensatz dazu kann der industrielle Roboter – der typischerweise an einem Ort fest installiert ist, mithilfe eines elektronischen Speichers eine repetitive Aufgabe erledigt und zur Sicherheit des Menschen in einem Käfig arbeitet – einen Teil seines Ursprungs in den USA direkt bis zu Asimov zurückverfolgen. Joseph Engelberger ging es ausdrücklich darum, wesentlich mehr zu bauen als nur eine neue Art von Werkzeugmaschine:

> Immer wieder lautete der Rat, »Bezeichne es nicht als Roboter. Nenne es einen programmierbaren Manipulator. Nenne es ein Produktionsterminal oder ein universales Transfergerät.« Das Wort ist *Roboter*, und es *sollte Roboter* sein. Ich war dabei, einen Roboter zu

> bauen, verdammt noch mal, und würde keinen Spaß bei der Sache haben – zumindest nicht in Asimovs Sinne –, außer wenn es ein *Roboter* wäre. Und so blieb ich meiner Sache treu.[15]

Das Paradigma »Wahrnehmen-Denken-Handeln« erweist sich für Industrie-Roboter als problematisch: Einige Beobachter behaupten, dass sich ein Roboter bewegen können muss; ansonsten könnte auch der Computer Watson* als Roboter gelten. Ein weiteres, neueres Beispiel stammt aus Silicon Valley. »Nest« ist ein lernfähiger Thermostat. Er ist mit Sensoren ausgestattet, drahtlos mit dem Internet verbunden, verfolgt die Verhaltensweisen in einem Haushalt und passt die Temperatur automatisch daran an. Das Team, das Nest entwickelt hat, vereint mehr als genug höhere akademische Abschlüsse in Computer- und Roboterwissenschaft auf sich und verfügt über ausgewiesene Erfahrungen im Bereich der echten Innovation von Konsumprodukten. Viele seiner Mitglieder arbeiteten am iPod von Apple oder der Suchmaschine von Google mit. Der Thermostat Nest nimmt wahr: Bewegungen, Temperatur, Luftfeuchtigkeit und Licht. Er zieht Schlüsse: Wenn keine Aktivität vorliegt, ist niemand zu Hause, sodass die Klimaanlage nicht benötigt wird. Er handelt: Bei adäquaten Sensorenmesswerten schaltet er selbstständig die Heizung ab.

---

* Im Februar 2011 besiegte der IBM-Computer Watson in der Quiz-Show *Jeopardy!* zwei menschliche Mitspieler.

Da er diese drei Bedingungen erfüllt: Ist Nest demnach ein Roboter? (Die Tatsache, dass Google dieses neu gegründete Unternehmen zur selben Zeit kaufte, zu der das Unternehmen andere Investitionen in Roboter tätigte, legt einigen Leuten nahe, dass es sich so verhält.)

Das Unternehmen Intuitive Surgical stellt das Operationssystem *da Vinci* her. Unter Verwendung empfindlicher Joysticks lässt ein Chirurg das da Vinci-System Sonden und chirurgische Werkzeuge im Körper des Patienten bewegen. Das System verfügt natürlich über Sensoren, und es wirkt auf die Patienten ein. Doch kann man es ohne autonome Kognition wirklich als »Roboter« bezeichnen?

Asimov definierte nicht, was ein Roboter ist, sondern er stellte ein hypothetisches Moralsystem auf, das idealisierte Roboter befolgen sollten. Wörterbücher helfen uns nicht weiter. Hollywood-Darstellungen werden noch eingehender analysiert werden, doch an dieser Stelle möge der Hinweis genügen, dass weder die Cartoon-Figur Rosie Jetson, noch Stanley Kubricks HAL, noch George Lucas' R2D2 definieren, was ein Roboter ist, oder was er nicht ist. Dasselbe gilt für die Hunderten von industriellen Robotern in einer typischen Autofabrik. Dennoch erkennt fast jeder einen Roboter, wenn er einen sieht.

3

# ROBOTER IN DER POPULÄRKULTUR

## Mythos

Die noch fortdauernde Geschichte der Bemühungen, künstliches Leben zu erzeugen – menschliche Eigenschaften nachzubilden, zu verbessern oder zu übertreffen – reicht mehrere Tausend Jahre zurück bis zum Golem; wobei Kuckucksuhren, Vaucansons Ente und der Mechanical Turk erst später kamen. Wodurch konnte ein solch hartnäckiges Bestreben motiviert sein? Möglicherweise wollten die Menschen sich als Schöpfer bestätigen, auf einer Stufe mit der die Welt erschaffenden Gottheit oder dem sonstigen Welturheber stehen, den ihre Religion benennt. Robert Geraci, ein Professor der Religionswissenschaft, schlägt eine andere Erklärung vor: die Geschichte von Adam und Eva, welche tief in der westlichen Kultur verwurzelt ist. Der Mythos behauptet, dass die Menschheit seit dieser

Zeit in einem von der Gnade abgefallenen Zustand gelebt hat. So lässt sich die Suche nach künstlichem Leben als ein Versuch verstehen, dieser Unvollkommenheit zu entfliehen und möglicherweise eine neue Ära herbeizuführen.[1]

Diese Suche ist zudem nicht auf den jüdisch-christlichen Kulturraum beschränkt. Der angesehene japanische Roboterkonstrukteur Hiroaki Kitano drückt die Sache in erstaunlich ähnlichen Worten aus – seiner Nennung des Ursprungs des Roboters kommt hier eine besondere Wichtigkeit zu –, was nahelegt, dass die geistige Grundlage der Suche nach künstlichem Leben weit verbreitet ist: »In seiner Reifephase drückt der [menschenähnliche Roboter] PINO symbolisch nicht nur unsere Wünsche, sondern auch die gebrechlichen, unsicheren Schritte der Menschheit in Richtung Wachstum und der wahren Bedeutung des Wortes Mensch aus.«[2]

Die Technik wurde schon lange sowohl als Hindernis (unter anderem von Shakern und Amish), als auch eine Hilfe zur Erlangung eines höheren Zustands des Seins angesehen. Geraci spricht von den »digitalen Utopisten« des Zeitalters des selbstgebauten Computers, die glaubten, die Dezentralisierung der Verwendung von Computern und damit des Wissens könne helfen, weniger hierarchische, mehr auf Gleichheit beruhende Machtstrukturen herbeizuführen. Er verfolgt dann die Idee der »apokalyptischen Künstlichen Intelligenz« durch eine Reihe von Ausdrucksformen – einschließlich der der Transhumanisten, die das künstliche Leben als einen Schritt über den unvollkommenen (sie sagen nicht »gefallenen«) Zustand des Menschen hinaus ansehen. Science-Fiction und populärwissenschaftliche Texte gehen bei den Ausführungen zu diesem Thema ineinander über. Der Roboterwissenschaftler und Romanschriftsteller Hans Moravec schreibt über »Geisteskinder« (Roboter mit künstlicher Intelligenz), die den Menschen in einem darwinistischen Kampf besiegen,[3] während Ray Kurzweil in mehreren Büchern Gestalten aus der Zukunft dazu verwendet, um seinen Begriff der »Singularität« zu erläutern.

Tiefe religiöse Vorstellungen, einschließlich von Erlösung, des ewigen Lebens und eines Zustands von Vollkommenheit in einer anderen Welt, beeinflussen jede unserer Diskussionen über Roboter ebenso gewiss wie Überlegungen hinsichtlich der Lebensdauer von Batterien, des maschinellen Sehens und der Wege planender Algorithmen. Geraci behauptet: »Die heiligen Begriffe der jüdischen und christlichen apokalyptischen Traditionen haben die futuristischen Träumereien wichtiger Forscher in der Roboterwissenschaft und auf dem Gebiet der künstlichen Intelligenz vollständig durchdrungen«. Bedenkt man, dass diese Vorstellungen auf sehr verschiedenen Gebieten entstanden sind – im Online Gaming, der Populärkultur, allen möglichen Arten von computerisierten Benutzeroberflächen, im Zusammenhang mit automatischen Staubsaugern, der Kriegsführung mit Drohnen, dem Hochfrequenz-

Aktienhandel, automatisierten Fabriken –, dann bietet das Studium von Robotern einen faszinierenden Einblick in die gegenwärtige Welt. »Intelligente Roboter zu studieren«, so behauptet Geraci abschließend, »bedeutet unsere Kultur zu studieren«.[4] Der an der Carnegie Mellon Universität arbeitende Roboterwissenschaftler Illah Reza Nourbakhsh behauptet, dass es um mehr als nur um Kultur geht: »Die Revolution in der Roboterwissenschaft kann die von Robotern maximal verschiedene Qualität unserer Welt bestätigen: unsere Menschlichkeit.«[5]

Die andere Mythologie, deren Einfluss wir zur Kenntnis nehmen sollten, leitet sich von dem Platz ab, den die Technik seit ihren Anfängen in der amerikanischen Kultur einnimmt. Die Geschichte der USA ist in mehrerer Hinsicht einzigartig: dies betrifft ihre Beziehung zu Europa, ihre riesige Größe, den großen Mineralreichtum des Landes sowie den darum geführten Kampf. In keinem anderen Land hat es eine so umfassende Verdrängung der ansässigen Bevölkerung durch eine so große Vielzahl von Einwanderern gegeben. Ein zentrales Element der amerikanischen Vorstellungswelt ist die Rolle, welche die räumliche Grenze spielt: die sich nach Westen bewegende Demarkationslinie zwischen der »Zivilisation« und dem Unbekannten. Selbst nachdem Kalifornien und das Innere des Westens besiedelt waren, behielt die Vorstellung von einer Trennlinie, deren Jenseits darauf wartete, erforscht und kolonisiert zu werden, ihr mächtige Wirkung. Die Apollo-Mondlandung lag mitten in dieser Tradition, und in die Welt der Science-Fiction wurde diese Vorstellung noch aggressiver integriert, am deutlichsten in der Anfangsszene fast jeder ausgestrahlten Episode der *Star Trek*-Fernsehshow:

> »Der Weltraum, die letzte Grenze. Dies sind die Reisen des Raumschiffs *Enterprise*. Seine fünfjährige Mission: Fremde, neue Welten zu erforschen, neues Leben und neue Zivilisationen zu entdecken und mutig dorthin zu reisen, wo noch nie ein Mensch gewesen ist.*«[6]

Die Eroberung des nordamerikanischen Grenzlandes und seiner Bewohner wurde größtenteils mithilfe technischer Neuerungen durchgeführt: mit Gewehren, Eisenbahnsträngen und Stacheldraht; im 19. Jahrhundert mit dem Fernschreiber, gefolgt von Bewässerungs- und Klimaanlagen, im 20. Jahrhundert dann mit den einzelne Bundesstaaten untereinander verbindenden Autobahnen.[7] Die Technik half, eine räumliche Grenze zu errichten; später, nachdem das Territorium besiedelt war, wurde sie selbst zu einer metaphorischen Grenze (die vielen derselben Zwecke diente).

In mythologischer Hinsicht lässt sich der Begriff »Grenze« problemlos auf Wissenschaft, Erkenntnis und Innovati-

* Anm. d. Übers.: Hierbei handelt es sich um die Übersetzung der einleitenden Worte des amerikanischen Originals. In der deutschen Ausgabe der Serie *(Raumschiff Enterprise)* unterscheiden sich diese vom Original.

onen anwenden: Eine Google-Suche nach dem Ausdruck »Grenzen der Wissenschaft« liefert 12,4 Millionen Treffer. Obwohl zahlreiche Länder über aktive Forschungsprogramme in der Roboterwissenschaft verfügen – u. a. Japan, Frankreich, Deutschland und Schweden –, sollten die amerikanischen Bemühungen in der Roboterwissenschaft in der Nähe dieser reichen mythologischen Vergangenheit einzigartiger Idealvorstellungen angesiedelt werden: Eroberung, Expansion sowie noch eines weiteren Begriffs, den wir mangels eines treffenderen Ausdrucks »Solutionismus«* nennen wollen.

Nach einer Lesart bezieht sich dieser Neologismus auf eine bestimmte auf Amerika zentrierte Haltung, die häufig mit einer gewissen Naivität verbunden ist und glaubt, dass die meisten Probleme Lösungen haben, oft technischer Natur. Mit noch beißenderen Worten nennt der Kulturkritiker Evgeny Morozov den Solutionismus »eine Pathologie des Intellekts, die Probleme ausschließlich auf der Basis eines einzigen Kriteriums als solche anerkennt: ob sie mit einer uns zur Verfügung stehenden, einfachen und sauberen technischen Lösung zu beheben sind«.[8] Welches Verständnis man für sich selbst auch übernehmen mag: Es gibt im Ethos der USA etwas, das dazu zu ermutigen scheint »herumzubasteln«, statt eine realistischere Sicht der Welt zu akzeptieren, nach der manche Probleme einfach nicht zu lösen sind.

---

* Anm. d. Übers.: abgeleitet von solution = Lösung

Nachdem wir diese beiden seit langer Zeit bestehenden Hintergründe aufgezeigt haben, wollen wir uns nunmehr dem Platz zuwenden, den Roboter in der westlichen Kultur einnehmen, hauptsächlich in der Science-Fiction in Literatur, Kino und Fernsehen. Es fällt schwer, sich an eine neue Technologie zu erinnern, die tiefere Wurzeln in der Science-Fiction hat, als die Roboterwissenschaft. Angefangen mit dem Ursprung des Wortes, fällt die Geschichte der Roboterwissenschaft mit Bildern und Einflüssen aus Büchern und Filmen zusammen und wurde von diesen maßgeblich beeinflusst. Insofern es sich bei der Science-Fiction um ein relativ junges Genre handelt und Kino und Fernsehen junge Medien sind, lässt sich für diesen Weg des kulturellen Einflusses kein früheres Beispiel anführen. Seine Konsequenzen sind jedoch beträchtlich und größtenteils unsichtbar. In dem Maße, in dem die Roboterwissenschaft zu einem realistischeren und vertrauteren Fachgebiet wird, ist das Verständnis seiner kulturellen Ursprünge ein notwendiger Schritt bei der Definition dessen, was Roboter sind, was Menschen wollen, und wie die beiden interagieren.

## R.U.R.

*R.U.R.*, das Theaterstück, welches das Wort »Roboter« einführte, war eine Kritik der Mechanisierung und der Art, wie sie Menschen entmenschlichen kann. Es wurde 1921 in

Prag uraufgeführt und war eines der am meisten gespielten Stücke des 20. Jahrhunderts. Es wurde, wie es in einer Analyse aus dem Jahr 1962 hieß, in »fast allen zivilisierten Ländern der Welt aufgeführt«.[9] Sein Autor Karel Čapek sagte einer Zeitschrift:

> Der alte Erfinder, Herr Rossum (dessen Name ins Deutsche übersetzt »Herr Intellekt« oder »Herr Hirn« bedeutet), ist ein typischer Vertreter des wissenschaftlichen Materialismus des letzten [neunzehnten] Jahrhunderts. Seine Sehnsucht, einen künstlichen Menschen herzustellen – im chemischen und biologischen, nicht im mechanischen Sinne – wird durch den törichten und starken Wunsch inspiriert, zu beweisen, dass Gott nicht notwendig und absurd ist. Der junge Rossum ist der moderne Wissenschaftler, unbekümmert um metaphysische Ideen. Das wissenschaftliche Experiment ist für ihn der Weg zur industriellen Produktion. Es geht ihm nicht um den Beweis, sondern um die Herstellung.[10]

Daher war dasselbe Wort, das heute in aller Munde ist, eine kulturelle Kritik sowohl des menschlichen Wunsches, seine eigene Gestalt zu replizieren, in den Fußstapfen von Dr. Frankenstein, wie auch der Logik der industriellen Produktion.

Der Gegensatz zwischen Robotern als mechanischen Sklaven und potenziell aufständischen Vernichtern ihrer menschlichen Produzenten erinnert an Frankenstein und ist bestimmend für spätere westliche Charakterisierungen von Robotern als Sklaven, die gegen ihr Los aufbegehren, bereit ihre Kontrolle abzuschütteln. Diese Dualität klingt im gesamten 20. Jahrhundert an: Terminator, HAL 9000, die Replikanten in *Blade Runner*. Die Figur Helena in R.U.R. ist mitfühlend und will, dass die Roboter ihre Freiheit erlangen. Radius ist der Roboter, der seine Situation begreift und sich an der Idiotie seiner Hersteller aufreibt, nachdem er seine Frustrationen durch das Zerschlagen von Statuen ausagiert hat.

> **Helena:** Armer Radius ... Konntest du dich nicht beherrschen? Jetzt schicken sie dich ins Stanzwerk. Wirst du nicht reden? Warum ist es dir passiert? Du bist, Radius, besser als die anderen. Dr. Gall hat sich bemüht, dich anders zu machen. Willst du nicht sprechen?
> **Radius:** Schickt mich ins Stanzwerk.
> **Helena:** Es tut mir leid, dass sie dich töten werden. Warum bist du nicht vorsichtiger gewesen?
> **Radius:** Ich werde nicht für dich arbeiten. Bring mich ins Stanzwerk.
> **Helena:** Warum hasst du uns?
> **Radius:** Ihr seid nicht wie die Roboter. Ihr seid nicht so geschickt wie die Roboter. Die Roboter können alles. Ihr gebt nur Befehle. Ihr redet mehr, als notwendig ist.

**Helena:** Das ist töricht, Radius. Sag mir: Hat dich irgendjemand geärgert? Ich wünsche mir so sehr, du könntest mich verstehen.
**Radius:** Du redest immer nur.
**Helena:** Dr. Gall gab dir ein größeres Gehirn als den anderen, größer als das unsere, das größte Gehirn der Welt. Du bist nicht wie die anderen Roboter, Radius. Du verstehst mich voll und ganz.
**Radius:** Ich will keine Herren haben. Ich weiß selbst alles.
**Helena:** Deshalb habe ich dich in die Bibliothek gebracht, damit du alles lesen kannst, alles verstehen kannst,[11] und dann – Oh Radius, ich wollte der ganzen Welt zeigen, dass die Roboter uns ebenbürtig sind. Das ist es, was ich von dir wollte.
**Radius:** Ich will keinen Herrn haben. Ich will andere beherrschen.[12]

Helenas Mitgefühl rettet Radius vor dem Stanzwerk und er führt später die Roboterrevolte an, die den Menschen ihre Macht raubt. Čapek ist bei der Darstellung des Triumphs der künstlichen Menschen über ihre Schöpfer nicht zimperlich:

**Radius:** Die Macht des Menschen ist gebrochen. Indem wir die Fabrik in unseren Besitz gebracht haben, sind wir Herren über alles geworden. Die Zeit

> der Menschheit ist vorbei. Eine neue Welt hat sich erhoben. … Die Menschheit ist nicht mehr. Sie gab uns zu wenig Leben. Wir wollten mehr Leben.[13]

Die Menschen in dem Stück waren bereits vor der von Radius angeführten Revolte dem Untergang geweiht: Während die Mechanisierung grundlegende menschliche Eigenschaften übertrifft, verlieren die Menschen ihre Fähigkeit sich fortzupflanzen. In dem Maße, in dem die Roboter ihre Fähigkeiten erweitern und an Vitalität und Selbstbewusstsein zunehmen, werden die Menschen immer mehr wie ihre Maschinen: In Čapeks Kritik sind Menschen und Roboter im Wesentlichen ein und dasselbe. Nach dem Maßstab, der ihren Wert misst, der industriellen Produktivität, sind die Roboter dem Menschen überlegen, denn sie können die Arbeit von »zweieinhalb Menschen« erledigen. Ein solcher Wettbewerb enthält eine implizite Kritik der unmittelbar vor dem Ersten Weltkrieg aufkommenden Effizienzbewegung mit ihren Zeit- und Bewegungsstudien, die wesentliche Merkmale des Menschen ignorierten.

*R.U.R.* ist stark von Shelleys *Frankenstein* (1818) beeinflusst, obwohl die beiden Werke fast genau ein Jahrhundert trennt. In beiden Fällen zeigen die Menschen ihre Hybris indem sie versuchen, künstliches Leben zu erzeugen. (Rufen wir uns in Erinnerung, dass Rodney Brooks selbst heute von Robotern als »unseren Geschöpfen«

spricht.) Ob sie nun ein Rezept falsch befolgen, wie in dem früheren Roman, oder Wesen hervorbringen, die intelligenter sind als die Menschen, die sie konstruiert haben, wie im Fall von Čapeks Theaterstück und seinen Nachfahren: Die Menschen zahlen für den Versuch, Gott zu spielen, einen Preis. In beiden Werken ist die brüchige Beziehung zwischen Schöpfer und Geschöpf der Motor des Geschehens und in beiden Fällen endet der Konflikt blutig.

*R.U.R.* ist heute kaum noch bekannt. Die Roboterromane von Asimov sind zwar bekannter, doch in beiden Fällen ist die Roboterwissenschaft ein Spezialgebiet der Technik welche – in ihrer archetypischen Form – die Annäherung der Roboter an den Menschen erstrebt, sei es durch Bio-Mimikry, fehlerlose Logik oder ökonomische Überlegenheit.

## Roboter im Film (und anderswo)

Der Dualismus zwischen Robotern als Sklaven und Robotern als potenziellen Herren, die sich gegen die Unfreiheit des Sklavendaseins erheben, entwickelt sich in der westlichen Welt des 20. Jahrhunderts mit bemerkenswerter Konsequenz. Sechs Jahre nach der Uraufführung von Čapeks Theaterstück brachte der deutsche Filmdirektor Fritz Lang *Metropolis* heraus. Das Werk gilt auch weiterhin als einer der einflussreichsten Filme, die je gedreht wurden, nicht zuletzt deshalb, weil es einen großen Beitrag zur Partei-Ideologie der Nationalsozialisten leistete. Viele seiner Themen sind eine Fortsetzung von *R.U.R.*, einschließlich der Verwirrung der Menschen hinsichtlich der Identität eines Roboters in ihrer Mitte, eines drohenden Aufstands der dehumanisierten Industriearbeiter sowie der gegenseitigen Anziehung der Spezies von Mensch und Roboter. Am Ende wird die mechanische Maria (welche die Arbeiter aufgestachelt hat, sich zu erheben und ihre Maschinen zu zerstören) entdeckt und auf dem Scheiterhaufen verbrannt, während das menschliche Gegenstück des Roboters entkommt, nachdem sie gekidnappt wurde, und hilft eine friedliche Lösung zwischen den Arbeitern und den Besitzern der Fabriken auszuhandeln. Der Stummfilm hatte ursprünglich eine Länge von zweieinhalb Stunden. Die Drehzeit betrug 310 Tage und die Anzahl der Statisten 36 000. Trotz seiner Länge und seiner verwirrenden Handlungsabfolge, bleibt er ein Meilenstein der Filmgeschichte. Die Darstellung der roboterhaften Maria als hinterlistig und aufständisch lehnt sich eng an den von Čapek eingeführten Prototyp an.

Der nächste denkwürdige Charakter erschien 1939 in einem der beliebtesten Filme der Geschichte des Kinos. Die Darstellung von Tin Man in *Der Zauberer von Oz* ist eng an andere Roboterfiguren angelehnt, denen wir begegnen werden, insofern er das Endresultat einer Reihe mechanischer Prothesen ist, die er bekam, als er sich als Waldarbeiter nacheinander sämtliche Gliedmaßen verletzte. Doch der Blechschmied vergaß, als er ihm einen Blechkörper gab, ihm auch ein Herz zu geben. Tin Man erinnert uns nicht an Frankenstein, da er schrittweise zu einem Automaten wurde und weil der Schwerpunkt des Films (und des Buches, auf dem er basiert) nicht auf seiner physischen Stärke oder seinem logischen Denkvermögen liegt, sondern auf seinem Wunsch nach Gefühlen. Die Filmfigur wurde zu einer Ikone, die noch Jahrzehnte nach dem Erscheinen des Films in anderen Romanen, Popsongs und Werbekampagnen auftaucht.

Ebenfalls im Jahr 1939 stellte Westinghouse auf der New Yorker Weltausstellung einen über zwei Meter großen Roboter namens »Elektro« vor, der eine Haut aus Aluminium besaß. Der Roboter konnte rauchen, mit seinen Fingern zählen und mithilfe einer in seinem Inneren installierten Schallplatte mit 78 Umdrehungen pro Minute auch sprechen. Ein Jahr später folgte dem Roboter ein metallener Hund namens »Sparko«, der sitzen, betteln und bellen konnte. Elektro wurde vor kurzem restauriert, und er befindet sich jetzt im Memorial Museum in Mansfield in Ohio. Er war ursprünglich in der Westinghouse Fabrik in Mansfield gebaut worden.

Etwa ein Jahrzehnt nach *Metropolis* befand sich die Science-Fiction als literarisches Genre mitten in einer Phase des Wachstums ihrer Popularität sowie der Entwicklung von Robotern zu kritischen Elementen, sowohl was die

Handlungsabläufe als auch was die Thematik betraf. Obwohl das Erscheinen der später als die »drei Großen« der Science-Fiction bezeichneten Autoren – Arthur C. Clarke, Robert Heinlein, und Isaac Asimov – in den 1940er Jahren half, das Genre als einen marktfähigen und eindeutig identifizierbaren Kanon von Büchern zu etablieren, waren es die Schriften Asimovs, in denen Roboter einen neuen Status erlangten, und in denen die Roboterwissenschaft als eigenes Fachgebiet neben Mechanik und Dynamik vorausgesehen wurde.

In einer Reihe von Kurzgeschichten, die er zwischen 1939 und dem Jahr ihrer Veröffentlichung im Jahr 1950 unter dem Titel *Ich, der Roboter* schrieb, führte Asimov den Begriff eines »positronischen Gehirns« ein, eines Computers, der auf einem Niveau arbeitete, das hoch genug war, um es möglich zu machen, dass ein künstliches Wesen ein Bewusstsein zum Ausdruck bringen konnte, welches von Menschen als solches erkannt werden konnte.

Statt den *Frankenstein*-Stereotyp zu bedienen, in dem künstliche Wesen darauf bedacht sind, ihre Schöpfer zu vernichten (was Asimov als »der Roboter als Bedrohung« bezeichnete),[14] zeigen die Roboter in Asimovs Geschichten regelmäßig moralische Wertvorstellungen, die nicht nur durch ihre bloße Darstellung, sondern anhand von Konflikten ausgelotet werden. In der 1942 erschienenen Geschichte *Runaround* stellte Asimov die drei Gesetze der Roboterwissenschaft auf, in direkter Übereinstimmung mit seiner neuen Sichtweise, dass Robotergeschichten weder bedrohlich noch sentimental sein mussten. Stattdessen schrieb er 1982: »Ich begann mir Roboter als industrielle Produkte vorzustellen, die von nüchternen Ingenieuren hergestellt wurden. Sie wurden mit bestimmten Sicherheitsmerkmalen gebaut, damit sie nicht bedrohlich sein konnten, und sie wurden für bestimmte Aufgaben konstruiert, damit nicht notwendigerweise irgendein Pathos darin involviert war.«[15] So hilft in Asimovs Werken etwa der Begriff der »Robopsychologie« den menschlichen Beobachtern zu verstehen, warum Roboter zu den Entscheidungen gelangen, die sie treffen. Komplexe Themen wie der Wert der Arbeit, die Anziehung zwischen Menschen und Robotern sowie der relative Wert eines Roboterlebens im Gegensatz zu dem eines Menschen tauchen ebenfalls regelmäßig auf.

In einem primären Genre der fiktionalen Darstellung von Robotern kommen Aliens aus dem Weltall vor, die in mechanischer oder biomechanischer Gestalt erscheinen. Die Unterschiede zwischen Roboter-Genres werden hier wichtig. Bei Robotern handelt es sich tendenziell, mehr in kultureller als in technologischer Hinsicht, um mechanische Entitäten, die über anthropomorphe Dispositionen verfügen. Das Wort »Android« geht bis in das 19. Jahrhundert zurück und bezieht sich auf nicht-menschliche Wesen, die ein dem Menschen ähnliches Aussehen haben. (Strenggenommen sind Čapeks »Roboter« in *R.U.R.* Androiden und keine Roboter.) Bei »Cyborg« handelt es sich hingegen um einen Begriff aus jüngerer Zeit, der etwa um 1960 aufkam. Der MIT-Professor Norbert Wiener prägte den Begriff »Kybernetik«, um damit »das wissenschaftliche Studium von Steuerung und Kommunikation bei Tieren und Maschinen«[16] zu bezeichnen. Cyborgs sind daher Wesen, bei denen künstliche und organische Steuersysteme miteinander verschmelzen. Obwohl der Begriff »kybernetische Organismen« übergreifend auf große Systeme angewendet werden kann, sind Cyborgs für unsere Zwecke typischerweise halb menschliche Charaktere, die durch die Anwendung von Rechen- oder Roboterfähigkeiten auf irgendeine Weise weiterentwickelt wurden.

Wenn Roboter in der Populärkultur vom Weltraum auf die Erde herabkommen, kann es sich dabei um irgendeine dieser drei Roboterarten handeln. In dem Film *Der Tag, an dem die Erde stillstand* (1951) überbringt ein Alien namens »Klaatu«, der von dem Roboter Gort begleitet wird, eine Botschaft, die für den Weltfrieden wirbt (und damit implizit die Schaffung der Vereinten Nationen unterstützt). Der Roboter entsteigt einem Raumschiff, das in Zusammenarbeit mit Frank Lloyd Wright entworfen wurde. Im Jahr 1956 erschien in *Alarm im Weltall* der Roboter Robby neben Leslie Nielsen, dem künftigen Star von *Die unglaubliche Reise in einem verrückten Flugzeug*. Nach dem ursprünglichen Film erschien Robby später in anderen Filmen und Fernsehshows. Bedeutsamerweise reisten die Menschen in den

Weltraum, wo sie Robby begegneten, statt dass es sich umgekehrt verhielt. Nach 1960 wurden Raumfahrtabenteuer des Menschen ein häufiges Thema, wobei mehrere Leitfilme diesem Ablaufschema folgten.

Weltraumreisen erwiesen sich als eine von mehreren geeigneten Neuerzählungen alter Geschichten des Robotergenres. Dass viele Filme in der Schuld von Homer stehen (natürlich einschließlich des Films *2001: Odyssee im Weltraum*) ist offensichtlich. Die Schweizer Familie Robinson von 1812 (die während einer Reise von Europa nach Australien in Ostindien Schiffbruch erlitt) stand in der Schuld von *Robinson Crusoe*, und wurde dann selbst die Inspiration für eine Fernsehshow der 1960er Jahre. Die Themen Väter und Söhne (*Star Wars*), das Erwachsenwerden, die Verwechslung von Personen und natürlich die Bedrohung durch das Frankenstein-Monster tauchten sämtlich immer wieder auf, dadurch abgewandelt, dass Robotercharaktere nur teilweise menschlich sind.

Im Jahr 1963 startete die BBC die Fernsehserie *Doctor Who*, in der »Daleks« eine bedeutende Rolle spielten. Bei diesen Aliens handelte es sich tatsächlich um extraterrestrische Cyborgs, die sich in erbarmungslose Killer verwandelten, da ihnen sämtliche Gefühle fehlten, mit Ausnahme von Hass. Ihre häufigste Äußerung ist einfach: »Vernichten!«. Wie andere fiktionale Cyborgs, wurden Daleks schnell zu einem Prüfstein für die britische Populärkultur und tauchten in einer von der BBC produzierten Erinnerungsfeier zum 50. Geburtstag auf. Unterdessen erfreut sich *Doctor Who* in vielen Bevölkerungsgruppen, darunter auch bei Teenagern in den USA, weiterhin großer Beliebtheit.

Nach Asimov begann sich die Darstellung von Robotern in der Populärkultur zu wandeln. Im Gegensatz zu den nichtmenschlichen Konstrukten aus mechanischen Bauteilen, wie sie durch Gort oder Robby dargestellt wurden, konnten spätere Roboter eine Vielzahl von Emotionen ausdrücken, mit Menschen nuanciert und doppeldeutig interagieren und mit den Komplexitäten ihres eigenen Wesens ringen. Obwohl es auch weiterhin eindeutig böse Gestalten gab, und primitive Diener, war der kommerzielle Erfolg von mehreren Filmen, die Roboter thematisierten, ein Anzeichen dafür, dass innerhalb der Massenkultur die (weitgehend fiktionalen) Möglichkeiten einer neuen Technologie und potenzieller neuer Lebensformen immer mehr Anerkennung fanden.

Obwohl es auch nach 1970 weiterhin Filme mit Aliens gab, waren jetzt immer mehr Cyborgs auf der Erde angesiedelt. In dem Film *Robocop* (1987) wird beispielsweise ein in Detroit ermordeter Polizist mithilfe von elektromechanischen Ersatzteilen wieder zum Leben erweckt und mit übermenschlichen Kräften ausgestattet. Angesichts des Genres ist es nicht verwunderlich, dass die Kräfte dieses Roboterwesens zu Konflikten mit menschlichen Gesetzen und Netzwerken der Korruption führen; in der Bedrohung durch ein skrupelloses, beinahe unbesiegbares menschenähnliches Wesen klingen Motive anderer Erzählungen an. Der Film *Robocop* war keineswegs originell, da er sich an den Meilenstein der Roboterfilmgeschichte *The Terminator* (1984) von James Cameron anlehnte. Die Herstellungskosten des Films betrugen etwa 6,5 Millionen Dollar, wobei er 78 Millionen Dollar (was im Jahr 2015 einem Wert von mehr als 225 Millionen Dollar entspricht) in die Kassen spülte. Arnold Schwarzenegger spielte einen mitleidlosen Cyborg, dessen bionisches Endoskelett mit menschenähnlicher Haut überzogen war. Das Schicksal der Menschheit stand auf dem Spiel, als ein ungeborenes Baby (John Connor, dessen Initialen eindeutig sind), das einen Aufstand zur Befreiung der Menschen anführen sollte, von der durch Schwarzenegger dargestellten Figur verfolgt wurde, die aus der Zukunft im Dienst des bösen Skynet anreiste.

In *Blade Runner* (1982) verwendete Direktor Ridley Scott ein weiteres Zeitreisemotiv, um eine abgründige Zukunftsvision zu entwerfen, die auf Phillip K. Dicks Roman *Träumen Androiden von elektrischen Schafen?* basiert.[17] Auf der Erde werden Cyborgs von bösen Unternehmen produziert und dann zur Arbeit auf Weltraumkolonien entsendet. Einige von ihnen schleichen sich, indem sie die Gesetze missachten, wieder auf die Erde zurück, und müssen gejagt und zerstört werden. Die als »Replicants« bezeichneten Androiden stellen noch eine weitere Vision von Robotern dar, die intellektuell anspruchslose, gefährliche und schmutzige Arbeiten verrichten, aber auch den Wunsch haben können, die ihnen angewiesene Rolle zu transzendieren und die Autorität der Menschen zu hinterfragen. Die von Daryl Hannah gespielte Figur entwickelt die in *Metropolis* von Maria verkörperte Figur fort: den verführerischen, weiblichen Androiden, der sich die Schwäche der Männer zunutze macht.

In dem Film, den zahllose Meinungsumfragen und Übersichten als den größten Weltraumfilm der Geschichte bezeichnet haben, kommt ein Roboter vor, der niemals in Erscheinung tritt. Arthur C. Clarke, einer der »drei Großen« der Science-Fiction, drehte zusammen mit Stanley Kubrick den Film *2001: Odyssee im Weltraum* (1968). Der Film zeigt Roboter in einem wieder anderen Licht. Statt ein auf irgendeine Weise menschliches Aussehen anzunehmen, verfügt HAL 9000, der Computer, der das Raumschiff auf dem Weg zum Jupiter lenkt, über eine menschlich klingende Stimme. Er scheint Gefühle auszudrücken, kann seine Umgebung wahrnehmen (unter anderem kann er den Astronauten, wenn sie sich besorgt über sein Verhalten äußern, von den Lippen ablesen, was sie sagen), und kann außerdem die Systeme und Geräte des Raumschiffs bedienen. In der entscheidenden Szene des Films kann HAL den letzten menschlichen Astronauten nicht daran hindern, seine Stromzufuhr abzuschalten, nachdem HAL alle anderen Astronauten getötet hat, und in dem Maße, in dem seine Rechenfunktionen abnehmen, fällt er emotional auf immer primitivere Stufen zurück. In Clarkes und Kubricks Darstellung ist ein Roboter daher zu Emotionen fähig, hoch intelligent und mächtig (wenn auch nicht allmächtig). Letztlich erweist er sich jedoch als nicht vertrauenswürdig.

Der Film war ein riesiger kommerzieller Erfolg und bleibt auch fast 50 Jahre später ein beeindruckendes kulturelles Denkmal. Die Ambiguität – vielleicht das Hauptmerkmal des Films – erlaubt es dem Betrachter, seine persönlichen Ängste, Wünsche und Assoziationen bezüglich künstlicher Intelligenz auf HAL zu projizieren. Die Tatsache, dass man HAL nie zu sehen bekommt, sondern nur durch die exzellente Stimmgebung von Douglas Rain hören kann, trägt viel zur zeitlosen Qualität des Films bei. Jeder ernst zu nehmende Film über Roboter, der seither gedreht wurde, und viele nicht zu ernst zu nehmende, setzen sich bewusst zu diesem monumentalen Film in Beziehung.

Den entgegengesetzten Pol zu HAL aus *2001* bilden jede Menge von Roboterfiguren, die weder eine Bedrohung noch einen überlegenen Intellekt verkörpern. Von dem Dienstmädchen Rosie in dem Cartoon-Film *The Jetsons* (der von 1962–63 zur Hauptsendezeit und bis 1987 zu anderen Zeiten ausgestrahlt wurde) bis zu Wall-E, dem Protagonisten des Disney/Pixar-Films desselben Namens von 2008, erwiesen sich Roboter häufig als für Produzenten und Regisseure nützliche Maschinen: Sie konnten ein komisches Missverhältnis zum Ausdruck bringen oder auf eine distanzierte Weise auf ernstere Themen eingehen. Die

Stimmen und Gesten der Roboter konnten menschliche Eigenschaften satirisch darstellen, doch der Mensch wurde als überlegenes Wesen dargestellt, dem zahlreiche Roboter ähnlich sein wollten. Gleichzeitig werden Roboter häufig bei der Verrichtung anspruchsloser Tätigkeiten dargestellt, was zumindest teilweise zu ihrer Identität gehört, wodurch sie die Menschen implizit von harter Arbeit befreien.

B9, der treue Umgebungskontrollroboter in der US-amerikanischen Fernsehserie *Lost in Space* (1965–68) wurde dadurch berühmt, dass er Will, den Sohn der »Weltraum-Familie« Robinson, vor drohender Gefahr warnte. Noch heute wird der Ausspruch »Gefahr, Will Robinson!« von Leuten benutzt, die sich seines ursprünglichen Kontexts nicht bewusst sind. Die höchste Verklärung der Figur des »Roboters als treuer Diener« ist das Laurel-and-Hardy-Duo R2D2 und C-3PO in *Star Wars*. Tatsächlich werfen diese Schöpfungen von George Lucas so lange Schatten, dass zahlreiche andere Filme ihre Roboter im Gegensatz zu diesem beliebten Paar metallener Ikonen charakterisieren müssen.

R2D2, der kleinere der beiden, verdankte seine Beliebtheit zum Teil dem Schauspieler Kenny Baker, der seine Bewegungen während der Dreharbeiten von innen steuerte. (In anderen Einstellungen kam eine ferngesteuerte Version des Roboters vor, in dem sich kein Mensch befand.) Der Roboter spricht in einer Maschinensprache, die von seinem Gegenstück übersetzt wird, was zur unterhaltsamen

Dynamik beiträgt, besonders wenn die Witze auf die Kosten von C-3PO gehen. Bei beiden Figuren besteht keine Möglichkeit eines Roboteraufstands; möglicherweise aufgrund der überzeugenden Natur der futuristischen Raumzeitalter-Kulisse findet sich kein Hinweis auf menschliche Hybris, vielleicht weil die Roboter ihren Ursprung in einer anderen Welt haben könnten.

Was C-3PO betrifft, so hat die brillante, an einen Butler erinnernde Sprachgebung des englischen Schauspielers Anthony Daniels enorm dazu beigetragen, dass die Figur so beliebt wurde. Die übermenschlichen Eigenschaften, die allen Robotern auf der Leinwand gemeinsam sind, sind in diesem Fall zerebral statt mechanisch: Obwohl er »6 Millionen Formen der Kommunikation« übersetzen kann, ist C-3PO tatsächlich ein Feigling in den Kämpfen der Rebellen. Sein körperliches Aussehen ist sehr stark an Marias metallenes Äußeres in *Metropolis* angelehnt, während die Dynamik zwischen den Robotern so vertraut ist, wie in jedem beliebigen Film über seltsame Paare oder Busenfreunde.

## Kulturelle Signale

Was ist, insgesamt betrachtet, von Robotern in der westlichen Populärkultur zu halten?

1. Zu den Filmdirektoren, welche die kulturelle Darstellung des Roboters vorangetrieben haben, gehören einige der führenden Persönlichkeiten der Filmindustrie: Woody Allen *(Der Schläfer)*, James Cameron *(Terminator)*, Chris Columbus *(Der 200 Jahre Mann)*, Stanley Kubrick, George Lucas, Ridley Scott, und Steven Spielberg *(A.I. Künstliche Intelligenz)*. Diese Männer haben Filme produziert, die zusammen Dutzende von Milliarden Dollar eingespielt haben. Dass sie alle Roboter als Schlüsselfiguren verwendet haben, ist ein Hinweis auf die gewaltige Anziehungskraft dieser Technologie bzw. dieses Archetyps.
2. Sämtliche Verallgemeinerungen über literarische oder Filmfiguren haben mit wirklichen Robotern wenig gemeinsam, handele es sich dabei um Hardware (Boston Dynamics' Atlas) oder Software (die Hochfrequenz-Handelssysteme der Wall Street): Roboter können keine Schmerzen empfinden, und begreifen nicht, dass sie solche zufügen, wenn sie dies tun. Roboter verfügen über keine Einsicht, die zwischen Menschen und anderen Säugetieren unterscheidet, oder zwischen Menschen und anderen Dingen, die sich bewegen. Roboter verfügen über keinen Mechanismus für das Erstreben irgendwelcher Dinge. Wie eigenständig sie auch sein mögen: Roboter sind vollständig vom Menschen abhängig,

von den Batterien bis zu Software-Updates. Roboter können nur aus vorgegebenen Optionen eine Wahl treffen. Sie können sich nicht »bewusst« gegen ihre Hersteller wenden, weil Roboter auf kognitiver Ebene über kein Selbstbewusstsein verfügen.

3. Wie schwer es für wirkliche Roboter ist, Dinge zu tun, wie Türknöpfe zu öffnen, ein unebenes Gelände zu überqueren oder auf der Ebene eines Kindes logisch zu denken, wird in Science-Fiction und Kino nur selten thematisiert. Wenn Leute daher Roboter schwierige Aufgaben ausführen sehen (wie etwa ein Hemd zu falten oder eine Bierflasche zu öffnen), scheint das wenig beeindruckend. Viele Beobachter legen großes Gewicht auf Asimovs drei Gesetze, obwohl sie mit der realen Roboterwissenschaft kaum Ähnlichkeit aufweisen. Der Kognitionswissenschaftler Steven Pinker hat dies in krassen Worten zum Ausdruck gebracht: »Wenn Hamlet sagt ›Welch ein Meisterwerk ist der Mensch! wie edel durch Vernunft! wie unbegrenzt an Fähigkeiten! in Gestalt und Bewegung wie bedeutend und wunderwürdig!‹, dann sollten wir nicht an Shakespeare oder Mozart oder Einstein oder Kareem Abdul-Jabbar* denken, sondern an ein vierjähriges Kind, das die Bitte erfüllt, eine Spielzeug auf ein Regal zu legen.«[18]

* Anm. d. Übers.: berühmter amerikanischer Basketballspieler

Es ist für die Künstliche Intelligenz noch ein weiter Weg, einem solchen Antwortverhalten nahezukommen.

4. Die Unterscheidungen zwischen Robotern, Androiden und Cyborgs sind für Leser und Zuschauer weitgehend bedeutungslos. Aliens könnten in diesen Handlungsabläufen zum Beispiel ebenso plausibel vorkommen.
5. Daher helfen die in der Massenkultur weit verbreiteten Bilder von Robotern der Gesellschaft wenig, wenn es darum geht, sich mit den realen Fragen aufkommender Technologien auseinanderzusetzen. Da die Wahrnehmungen durch die stereotypischen Bilder des Roboters als Bedrohung, als Figur mit übertriebenem Pathos, als mit Selbstbewusstsein ausgestattet oder als Diener stark verankert sind, haben sich ernsthafte Diskussionen über Prothesen, um nur ein Beispiel zu nehmen, bislang nur langsam formiert.

Fassen wir zusammen: Čapeks Vorstellung von einem Roboter (ein tschechisches Wort) verkörperte eine Metapher des Menschen als Sklave der Technik, mit der Gefahr, dass die künstliche Kreatur sich gegen ihre menschlichen Schöpfer auflehnen könnte, ebenso wie Frankensteins Geschöpf dies getan hatte. Etwa 20 Jahre später erdachte Isaac Asimov in seinen Büchern Roboter, die menschliche Eigenschaften verkörperten, was so weit ging, dass die »Robopsychologie« Einsichten in ihre Funktionsweise verschaffte. Und schließlich wird das Konzept der Künstlichen Intelligenz, sei sie verkörpert oder nicht, häufig mit einer übermenschlichen Logik verwechselt, die eines Tages die Fähigkeit des Menschen zu denken und zu fühlen übertreffen wird. Trotz aller Unterschiede haben HAL 9000 und IBMs Watson gemeinsam, dass sie als – im kulturellen Sinne – Angst einflößende Figuren fungieren: Ihre übermenschlichen Fähigkeiten können die Leistungen und Pläne des Menschen scheinbar zunichtemachen. In jedem dieser Fälle kann uns die Macht kultureller Ikonen von konkreten, hochrelevanten Fragen ablenken: Wer außer Stephen Hawking sollte die Lebensqualität steigernde, robotergestützte Hilfsmittel bekommen? Sollten Gewerkschaften in Roboter investieren, die menschliche Arbeiter ersetzen? Wer kann Sicherungsmechanismen für eine bestimmte Klasse von Robotern einführen und außer Kraft setzen? Und so weiter.

## Eine Alternative: Die japanische Tradition

Wir sollten beachten, dass die bisher genannten kulturellen Ressourcen ausschließlich aus der westlichen Welt stammten. Von *Frankenstein* bis *Star Wars* und *The Terminator* ist das Motiv der »Technologie außer Kontrolle«, wie

Das Konzept der Künstlichen Intelligenz, sei sie verkörpert oder nicht, wird häufig mit einer übermenschlichen Logik verwechselt, die eines Tages die Fähigkeit des Menschen zu denken und zu fühlen übertreffen wird.

es der Hochschullehrer Langdon Winner* formulierte, stets präsent: Künstlich erschaffenes Leben erweist sich häufig, wie Asimov sagte, als »Roboter-als-Bedrohung«. Doch es ist unmöglich, den aktuellen Stand der Roboterwissenschaft und der Darstellung von Robotern zu beurteilen, ohne auf Japan einzugehen.

Obwohl *Manga*, die typisch japanische Comic-Kunstform, aus dem späten 19. Jahrhundert stammt, kann sie ihre Ursprünge bis auf Schriftrollen des 13. Jahrhunderts zurückverfolgen. Nach dem Zweiten Weltkrieg, als die Nation ihre Mythologie im Licht der militärischen Niederlage und der durch die amerikanische Besatzungsmacht herbeigeführten, fremden kulturellen Einflüsse neugestaltete, kam Manga als Medium für Heldentum, Tugend sowie für Geschicklichkeit und Leistung auf. Ein Künstler, Osamu Tezuka, erschuf eine Figur, welche die Japaner in ihren Bann zog. Sie wurde in Japan »Mighty Atom« genannt, in der westlichen Welt ist sie bekannter unter dem Namen »Astro Boy«. Ein Berater nahm an, dass die Assoziationen von »Atom« nach Hiroshima und Nagasaki für das Publikum in den USA problematisch sein würden. Mighty Atom wurde zu einem wesentlichen Teil der japanischen Kultur: tatsächlich verfügt er über die volle japanische Staatsangehörigkeit. Tezuka wird als »Gott der Comics« angesehen, auf derselben Stufe wie Walt Disney, nach seinem Biogra-

* Langdon Winner (geb. 1944) ist ein in den USA lehrender Philosoph, der sich mit Fragen der Technik beschäftigt.

phen allerdings auch mit beigemischten Elementen von Arthur C. Clarke, Stan Lee, Tim Burton und Carl Sagan.[19]

Tezuka war ein faszinierender Mann, der 1928 geboren wurde. Sein beachtliches künstlerisches Talent entwickelte er als Teenager zum Teil durch die geschickte Zeichnung von Insektenkatalogen. Später absolvierte er zwar ein Medizinstudium (wobei die Zeichnungen in seinen Laborheften von hervorragender Qualität waren), doch arbeitete er nie als Arzt. Seine verschiedenen, von Mighty Atom angeführten Charaktere, waren in einem »System von Stars« organisiert, das einem Hollywood Filmstudio nachempfunden war. Sie brachten es zu einer riesigen Fan-Gemeinde. Tezuka entwickelte daraufhin sein eigenes Produktionsteam, das schließlich die ersten Trickfilme für das Fernsehen herstellte. Seine verschiedenen Charaktere und Serien, einschließlich seiner ehrgeizigsten Geschichte namens »Phoenix«, trugen dazu bei, Manga, in Japan und auf der ganzen Welt, zu einer viele Milliarden Dollar einbringenden Industrie werden zu lassen. Tezukas Arbeiten waren so gekonnt, innovativ und überzeugend, dass Stanley Kubrick ihn einlud, der künstlerische Leiter von *2001* zu werden, doch konnte Tezuka nicht versprechen, dass es ihm möglich sein würde, während der Produktion des Films sein Team für ein Jahr nach England zu bringen. Tezuka starb im Jahr 1989 an Magenkrebs und fertigte bis zuletzt noch Zeichnungen an.

Mighty Atom war 1951 ursprünglich nur eine Nebenrolle, tauchte jedoch 1952 als Hauptfigur auf. Er erschien regelmäßig bis in die 1970er Jahre, und ab und zu auch noch in den Jahren, nachdem er eine nationale Ikone geworden war. Sein fiktiver Geburtstag, der 7. April 2003, wurde durch landesweite Festivitäten markiert. Vier Jahre zuvor hatte man die Figur verwendet, um Toyotas Hybridfahrzeug Prius in Japan einzuführen. Dank zahlreicher, seine Popularität unterstützender Medien ist das Aussehen des Roboters zu einem vertrauten Bild der japanischen Kultur geworden.

Mighty Atoms Leben hat einen tragischen Ursprung. Als Dr. Tenma, der Direktor des Wissenschaftsministeriums, seinen Sohn Tobio bei einem Zusammenstoß zwischen einem fliegenden Auto und einem schweren Lastwagen verliert, ruft er Fachleute zusammen und baut einen Roboter, der aussieht wie Tobio. Als er feststellt, dass der Roboter nicht erwachsen werden und die Schönheit der Natur nicht lieben lernen kann, gibt Tenma den Roboter einem Zirkus. Tenmas Nachfolger im Wissenschaftsministerium, Professor Ochanomizu, findet den Roboter, entdeckt, dass er Gefühle erleben kann, und nimmt ihn als einen Pflegesohn auf. Der Wissenschaftler drängt ihn, seine Kräfte zum Guten einzusetzen, hauptsächlich, um gegen Verbrechen zu kämpfen, in einer Episode jedoch auch, indem er im Interesse eines vietnamesischen Dorfes interveniert, bevor amerikanische Flugzeuge es bombardieren sollen. Auf diese Weise wurzelt die gesamte Geschichte im Bedürfnis des Roboters nach menschlicher Gemeinschaft und Anerkennung: Die Rechte der Roboter sind ein Motiv, auf das in den Manga immer wieder eingegangen wird.

Mighty Atom verfügt über übermenschliche Kräfte, jedoch nicht von der Art des *Terminators*: Er ist 1,37 Meter groß, wiegt 30 Kilo und verfügt über einen atomgetriebenen Motor von 100 000 PS (etwa 75 000 Kilowatt), komplett mit ausfahrbaren Düsentriebwerken in seinen Händen und Füßen. Im Laufe zahlreicher Episoden zeigt sich, dass Mighty Atom

- mit Düsentriebwerken fliegen
- sechzig Sprachen sprechen
- analytische Fähigkeiten einsetzen
- seine Augen als Suchscheinwerfer verwenden
- ein hochempfindliches Gehör einsetzen
- Waffen in seinem Rücken verstecken
- und erkennen kann, ob ein Mensch gut ist oder böse.[20]

Diese Mischung von Eigenschaften, verbunden mit Mighty Atoms kleiner Gestalt, erlaubt zahllose Möglichkeiten für Handlungsverläufe. Er kann schwitzen, während er herausfordernde Situationen bewältigt, muss aber von seinem Pflegevater verändert werden, um Tränen vergießen zu können. Seine Kräfte waren nicht grenzenlos: Atom konnte der Treibstoff ausgehen, und wenn er menschliche Nahrung zu sich nahm, landete sie in einem Hohlraum seines mit Maschinen vollgestopften Brustkorbs und musste entfernt werden. Zu seinen Feinden gehörten übel gesonnene Menschen, Roboter hassende Menschen, boshafte Roboter oder Invasoren aus dem All. Zeitreisen waren ein häufiger Bestandteil der Geschichten.

Ähnlich wie Asimov etwa ein Jahrzehnt früher entwickelte Tezuka Robotergesetze, um Mighty Atom durch seine Abenteuer zu führen:

1. Roboter sind geschaffen worden, um dem Menschen zu dienen.
2. Roboter sollen Menschen niemals verletzen oder töten.
3. Roboter sollen den Menschen, der sie geschaffen hat, »Vater« nennen.
4. Roboter dürfen alles herstellen, mit Ausnahme von Geld.
5. Roboter dürfen ohne Erlaubnis nicht das Land verlassen.
6. Männliche und weibliche Roboter sollen niemals ihre Rollen tauschen.
7. Roboter sollen ohne Erlaubnis niemals ihr Aussehen verändern oder eine andere Identität annehmen.
8. Als Erwachsene geschaffene Roboter sollen niemals als Kinder handeln.

9. Roboter sollen niemals andere Roboter zusammensetzen, die von Menschen ausrangiert wurden.
10. Roboter sollen niemals Häuser oder Werkzeuge des Menschen beschädigen.[21]

Mehrere Aspekte dieser Liste verdienen es, besonders hervorgehoben zu werden. Zu beachten ist die Ähnlichkeit der Regeln 1 und 2 mit den Gesetzen von Asimov. Ferner ist zu beachten, dass es keine Parallele zu Asimovs drittem Gesetz gibt, dass Roboter sich selbst schützen sollen. Täuschung durch Roboter ist explizit verboten, was dreimal ausgeführt wird.

Was die Identität von Atom steuert, sind die Spannungen zwischen seiner immerwährenden Kindheit, seinen übermenschlichen Kräften, seinem moralischen Kompass und seinem Verlangen nach menschlicher Liebe. Sie hat die japanische Einstellung Robotern gegenüber sowohl geformt als auch widergespiegelt. Der Aibo von Sony spiegelt beispielsweise eindeutig eine Sensibilität in Übereinstimmung mit Atom wider: Die Darstellung von Robotern in vielen japanischen Szenarien (von denen Paro der Seehund nur eins ist) als ansprechend, ja fast anschmiegsam, vermittelt weder einen kalten Utilitarismus, noch den Gedanken an einen möglicherweise dämonischen Aufstand.

Der Gegensatz ist leicht erkennbar, wenn man Mighty Atom mit einem zeitgenössischen japanischen Manga-Roboter vergleicht: dem riesigen Iron Man, der 1956 auftauchte. Mit seinen 25 Tonnen Gewicht und einer Größe von 20 Metern war Iron Man während des Krieges als Geheimwaffe gebaut worden, dann aber zu friedlichen Zwecken eingesetzt worden. Anders als Atom war er nicht eigenständig, sondern ferngesteuert, normalerweise von einem cleveren, kleinen Jungen. Wenn die Steuerung gestohlen wurde, konnte er jedoch für unheilvolle Ziele eingesetzt werden. Obwohl der Junge, ganz ähnlich wie Atom, das Böse bekämpfte, trug die moralische Neutralität von Iron Man dazu bei, eine umfassende dialektische Spannung in der japanischen Kultur zu umreißen. Es existiert das Verlangen – ähnlich, wie es in Asimovs Gesetzen zum Ausdruck kommt –, dass Roboter den Menschen helfen, statt ihnen zu schaden, welches eine höhere moralische Vision verkörpert, als die Menschen für sich selbst in Anspruch nehmen können. Angesichts der Tatsache, dass Iron Man Migthy Atom zeitweilig an Popularität übertraf, dient seine Präsenz als äußerst wirkmächtiges und nützliches Gegengewicht zu dem, was Asimov als die Denkrichtung des »Roboter-als-Heiliger« bezeichnet haben könnte.

## Roboter und Mythos

Roboter sind technische Werkzeuge. Doch es gibt wenige Werkzeuge, die durch solch reiche Mythologien untermauert werden. Fast noch wichtiger ist, dass dieser Mythos dem Erreichen der meisten Meilensteine in der Entwicklung autonomer Roboter zeitlich zum größten Teil vorausging. Diese Geschichte ist, da sie in biblischer Zeit ihren Anfang nahm, sowohl lang, als auch hyperreal, wobei die jüngsten Fortschritte in der Erzähltechnik verwendet werden, um die Geschichte weiterzuführen und zu gestalten. Es gibt einen Strang der Sichtweise von Robotern, der besonders typisch für Nordamerika ist, und einen anderen Aspekt, der von keiner bestimmten Kultur abhängt.

Roboter sind auch in anderer Hinsicht paradox. Sie fungieren als Sklaven oder Diener, werden aber dennoch als potenzielle Oberherren gefürchtet. Roboter absorbieren zahlreiche Projektionen von für Menschen unerreichbarer Perfektion, haben aber Schwierigkeiten bei der Ausführung einiger grundlegender menschlicher Handgriffe. Roboter bieten die Aussicht auf eine radikale Ausweitung der arbeitsfreien Zeit, während sie gleichzeitig die Frage aufwerfen, was Menschen für die Sicherung ihres Lebensunterhalts tun werden.

Es sollte mittlerweile ausreichend bewiesen sein, dass Roboter in die kulturellen Dialoge des Ostens und Westens auf eine Weise eingeführt wurden, die sich von der Art der Einführung früherer Technologien wesentlich unterscheidet. Radios, Klimaanlagen, Automobile oder sogar Smartphones wurden zum Beispiel nie als menschliche Schöpfungen dargestellt, die den Wunsch haben, ihre Schöpfer in den Schatten zu stellen. Der Platz des Anthropomorphismus in unseren Erörterungen der Frage, was Roboter sind, was sie leisten können und wie sie verstanden werden sollten, markiert einen wichtigen Wendepunkt in der Geschichte der Technik in den westlichen Ländern. Doch unabhängig von alle dem stellt sich die Frage: Was ist der aktuelle Stand der Roboterforschung?

4

# ROBOTER IN DER GEGENWART

Robotergesteuerte Geräte durchdringen unbemerkt unser modernes Leben. Eine Vielzahl dieser Geräte kann in fast jedem Lebensbereich die Präzision erhöhen, Menschen von gefährlicher oder harter Arbeit befreien, die Grenzen der menschlichen Ermüdung oder der menschlichen Wahrnehmungskapazität überwinden und die Reichweite des Menschen vergrößern. Roboter können allerdings auch die Arbeit und die Beziehungen des Menschen dehumanisieren, das Wirtschaftsleben stark durcheinanderbringen sowie Ursache weiterer negativer Konsequenzen für den Menschen sein. Die Breite der Aktivität, die Vielfalt der Kontexte und die Geschwindigkeit des Fortschritts tragen sämtlich zu einer wesentlichen Veränderung der Art und Weise bei, wie Menschen von Computern Gebrauch machen.

## Künstliche Intelligenz (AI*)

Wenn wir zur Definition eines Roboters das Modell »Wahrnehmen-Denken-Handeln« verwenden, so verdient die Komponente »Denken« besondere Aufmerksamkeit. Auf der untersten Stufe beschreibt die Künstliche Intelligenz Bemühungen, mithilfe nicht-menschlicher Elemente oder Geräte menschliches Denken bis zu einem gewissen Grad nachzubilden. Obwohl es dieses Ziel bereits in der Antike gab, orientieren sich die gegenwärtigen Versuche an einem Maßstab, der 1956 aufgestellt wurde. Damals haben Vertreter der noch jungen Computerwissenschaft am Dartmouth College auf einer Konferenz Versuche mit dem Ziel, elektronische Funktionen zu entwerfen, die das menschliche Gehirn nachahmen, formalisiert. John McCarthy (der spätere Direktor von SAIL, dem Labor für Künstliche Intelligenz an der Stanford Universität) soll den Ausdruck »Künstliche Intelligenz« in diesem Jahr geprägt haben, und Marvin Minsky gründete das Labor für Künstliche Intelligenz am Massachusetts Institute of Technology (MIT) im Jahr 1957.

Roboterwissenschaft zu betreiben war in den 1960er und 1970er Jahren schwierig. Die Daten verarbeitenden Geräte waren langsam und groß. (Der PC war noch nicht erfunden worden.) Drahtlose Netze waren langsam und be-

---

* Artificial Intelligence

fanden sich im Besitz einzelner Firmen, Systeme zur Erkennung visueller Daten waren langsam und teuer und hatten nur eine geringe Auflösung. Große Anstrengungen wurden dem Aufbau einer umfassenden, kognitiven Karte der Umgebung des Roboters gewidmet, damit er die Welt »kannte«, bevor er mit ihr interagierte. Angesichts der langsamen Datenverarbeitung lieferte diese Vorgehensweise allerdings nur begrenzte Erfolge.

Eine parallele Bemühung war in der elektronischen Datenverarbeitung ins Rollen gekommen, die sich mit Künstlicher Intelligenz befasste. Im Jahr 1984 wurde die Datenbank Cyc gegründet. Hierbei handelte es sich um den Versuch, eine alles umfassende Computer-Ontologie zu erstellen. Nachdem ihm beigebracht worden war, dass »Regen eine Form von Wasser« ist und »Wasser sich auf der Haut nass« anfühlt, konnte der Computer daraus potenziell den Schluss ziehen, dass ich nass sein muss, wenn ich sage: »Ich komme aus dem Regen«. Zur Zeit seiner Gründung behauptete der das Projekt leitende Wissenschaftler, es würde 350 Mannjahre dauern, die Maschine mit den Regeln, die solche Schlüsse erlauben, zu bauen, doch 30 Jahre später ist sie immer noch nicht fertiggestellt.

Der Bereich der Künstlichen Intelligenz hat Zeiten äußerst großzügiger finanzieller Unterstützung erlebt, gefolgt von solchen, in denen ihm nur sehr geringe Gunst zuteil wurde. In den 1990er Jahren waren Witze über die mit Fördergeldern reichlich ausgestatteten »AI 80ies« in manchen Kreisen weit verbreitet. In dem Maße, in dem die Fördermittel versiegten, verteilten sich die ehemaligen Mitarbeiter dieses Fachgebiets auf andere Bereiche. Einige von ihnen arbeiteten an Suchmaschinen mit, während andere in die Genomik und weitere biomedizinische Felder abwanderten. Nach dem Aufkommen von Google, und nachdem der Schachcomputer Deep Blue 1997 Garry Kasparov besiegt hatte, fand der Forschungsbereich der Künstlichen Intelligenz wieder große Beachtung, und er wurde aus öffentlichen und privaten Quellen erneut gefördert. Ein Forschungsbereich, dem großes Interesse gilt, ist die maschinelle Verarbeitung von natürlicher Sprache (NLP*). Er ist durch Apples Siri**, Googles Textvervollständigung und andere Suchwerkzeuge sowie durch den IBM-Computer Watson bekannt geworden. Bei der maschinellen Sprachverarbeitung muss nicht nur eine Stimme erkannt, sondern es müssen außerdem Homonyme disambiguiert (das Geldinstitut »Bank« von der Sitzgelegenheit unterschieden), der Kontext verstanden (»Was ist das Gebäude auf der rechten Seite?«) sowie Witze, Wortvertauschungen und andere »unlogische« Aussagen entschlüsselt werden.

Die Bedeutung von Künstlicher Intelligenz für die Roboterwissenschaft ist offensichtlich. Mensch-Maschine-Interaktionen, Bewegungen im Raum, das Vermeiden von

---

* Natural Language Processing

** SIRI = Speech Interpretation and Recognition Interface, Schnittstelle zur Deutung und Erkennung von Sprache

Zusammenstößen und die Bilderkennung: sie alle stützen sich auf Tools, die – auf irgendeiner Ebene – menschliches Erkennen nachahmen oder ersetzen müssen.

## Industrieroboter

Zu derselben Zeit, zu der Computerwissenschaftler versuchten, Maschinen Gehirnen ähnlicher zu machen, verfolgte eine separate Gruppe von Unternehmern das Ziel, menschliche Muskeln und Knochen nachzubauen. Die Geschichte ihrer vereinten Bemühungen entfaltete sich weit entfernt von Hochschullaboren: in Werkstätten und Maschinenhallen. In den USA waren George Devol und sein Partner Joseph Engelberger die beiden Protagonisten dieser Geschichte. Devol stellte 1954 (bereits vor der AI-Konferenz in Dartmouth) die ersten Patentanträge für Roboter. Sie wurden 1961 genehmigt. Devol und Engelberger gründeten in der Mitte der 1950er Jahre das Unternehmen Unimation und produzierten den ersten Industrieroboter: den Unimate. Er transportierte teilbearbeitete Werkstücke zwischen Standorten, die mehrere Fuß voneinander entfernt waren. Japan trat in den Markt ein, als Kawasaki Heavy Industries von Unimation für die Technologie eine Lizenz erwarb.

Die Übernahme der Robotertechnologie erfolgte in den 1960er Jahren nur langsam. Die Konkurrenz der ausländischen Autoindustrie war noch nicht groß, und große Herstellerfirmen hatten Angst, aus der Reihe ihrer Partnerunternehmen in der Branche auszuscheren. Bis zum Jahr 1964 hatte Unimation nur 30 Roboter verkauft, und der Cashflow des Unternehmens war ein Problem. Doch zwischen 1967 und 1972 stieg das Gesamtverkaufsvolumen von Unimation von zwei Millionen sprunghaft auf 14 Millionen Dollar an.

Um die Mitte der 1960er Jahre konstruierte ein Student im Aufbaustudium namens Victor Scheinman Roboterarme für die AI-Forschungslabore in Stanford und am MIT. Anschließend nahm er ein Stipendium von Unimation an, um seinen Entwurf zu kommerzialisieren. Zusammen mit General Motors – das Unternehmen gab vor, der neue Roboter müsse sich in demselben Raum bewegen, den ein Mensch einnimmt, und über eine vergleichbare Reichweite verfügen – brachte Unimation Mitte der 1970er Jahre dann den PUMA* auf den Markt, woraufhin der globale Markt für Industrieroboter zu boomen begann. Die schwedische ASEA Brown Boveri Corporation (ABB), General Electric sowie das deutsche Unternehmen KUKA tätigten sämtlich umfangreiche Investitionen in diesem Bereich. General Motors ging ein Joint Venture mit der japanischen Firma FANUC ein; Westinghouse kaufte Unimation im

* Programmable Universal Machine for Assembly = Programmierbare Universalmaschine für Montagearbeiten

Jahr 1984 für 107 Millionen Dollar und verkaufte es vier Jahre später an Staubli, ein französisches Unternehmen.

Im Wesentlichen handelt es sich bei Industrierobotern um programmierbare Werkzeugmaschinen, die eine Reihe von Arbeitsschritten ausführen, normalerweise im Rahmen der Montage an Fließbändern. Laut der internationalen Vereinigung für Roboterwissenschaft gibt es weltweit knapp über eine Million Industrieroboter, und im Jahr 2014 betrugen die Einnahmen dieser Industrie 9,5 Milliarden Dollar.[1] Nachdem Roboter in Automobilfabriken installiert worden waren, hat in den letzten zehn Jahren die Zahl der Elektrounternehmen, in denen Roboter eingesetzt werden, stark zugenommen. Foxconn, ein in Taiwan ansässiges Unternehmen, das Apple-Produkte und ähnliche Fertigwaren zusammenbaut, gab seine Absicht bekannt, nach 2012 – allein in einer Firma – eine Million Roboter zu installieren.[2] Trotz der vergleichsweise geringen Löhne in China favorisieren Zukunftsentwürfe eine Wirtschaft mit Robotern, die drei Schichten arbeiten – und die morgens nicht verschlafen oder wenn sie zur Arbeit kommen einen schlechten Tag haben. Außerdem benötigen Roboter keine Pausen, keine geheizten oder klimatisierten Arbeitsräume (in manchen Fällen noch nicht einmal Licht) und keine Krankenversicherung; und sie verfügen über keine Identität, außer derjenigen, ein Produktionsinstrument zu sein. (In Kapitel 7 werden wir auf einige wirtschaftliche Aspekte von Robotern als Arbeitern noch genauer eingehen.)

In jüngster Zeit hat Amazon seine Aufmerksamkeit auf Industrieroboter gerichtet die, statt Montagearbeiten in Werkshallen zu verrichten, in Vertriebszentren Fertigprodukte transportieren. Statt einzelne Gegenstände mit Armen und Greifern zu heben und zu transportieren, machen diese Roboter ganze Regale mit Waren ausfindig, die menschliche Arbeitskräfte dort abgelegt haben, und bringen sie dann aus einem Lagerbereich zu einer Ausgabe- oder Verpackungsstation, und wieder zurück. Roboter bringen die mobilen Regale zu den Arbeitern, welche die entsprechenden Waren herunternehmen und den Versandvorgang einleiten. Die Roboter, die dies tun, sind auf keine Weise menschenähnlich. Sie befinden sich in unmittelbarer Bodennähe und sehen eher wie industrielle Staubsauger aus, die Schienen auf dem Boden folgen.

Diese Lieferkettenroboter stehen in einer langen Tradition von Materialtransportgeräten, die man als »fahrerlose Transportfahrzeuge«* bezeichnet. Diese Wagen (entweder flach und offen oder geschlossen) oder Fahrzeuge (die einen Anhänger ziehen) können einfache Navigationsmethoden verwenden, wie zum Beispiel einem Magnetstreifen auf dem Boden folgen, oder kompliziertere, wie etwa den Einsatz von Laserstrahlen, Transpondern, Gyroskopen und anderen Geräten, um sich innerhalb vorgegebener, fester Parameter zu bewegen (z. B. in einem Lager oder Kranken-

* Anm. d. Übers.: Englisch auch AGVs, automated guided vehicles (automatische gelenkte Fahrzeuge).

haus). Das erste System dieser Art wurde 1953 erfunden, und AGVs werden auch heute noch vielerorts eingesetzt.

## Wie erledigen Roboter ihre Aufgaben? Welche Herausforderungen bewältigen sie?

Das generische »Wahrnehmen-Denken-Handeln«-Modell sagt uns wenig über die Komplexität und die Herausforderungen, auf die in der Roboterwissenschaft eingegangen wird.

### Strukturen

Bevor seine Sensoren, seine Recheneinheit und seine aktiven Glieder ausgewählt und montiert werden können, muss der Roboter über ein Chassis oder eine andere Grundstruktur verfügen. Die hiermit verbundenen Herausforderungen sind keineswegs trivial. Im Fall von unbemannten Fluggeräten muss der Roboter beispielsweise in der Lage sein, über größere Distanzen zu fliegen und ein stabiles Grundgerüst für hochauflösende Kameras, Radargeräte sowie andere Sensoren und Waffen bereitstellen. In diesen und ähnlichen Situationen ist die Werkstoffkunde eine Wissenschaft von entscheidender Bedeutung. Vergegenwärtigen wir uns grundlegende physikalische Tatsachen

Vergegenwärtigen wir uns grundlegende physikalische Tatsachen bezüglich vieler vom Menschen hergestellter Materialien: Um die Größe eines Roboters zu verdoppeln, muss man typischerweise seine Masse vervierfachen.

bezüglich vieler vom Menschen hergestellter Materialien: Um die Größe eines Roboters zu verdoppeln, muss man typischerweise seine Masse vervierfachen. Ein menschenähnlicher Roboter, der Willow Garage PR2, ist etwa 1,5 Meter groß und wiegt um die 180 Kilogramm. Ein solches Gewicht bringt vielfältige Probleme mit sich: Der Roboter ist nur begrenzt transportabel, mit seinen schweren Körperteilen muss aus Sicherheitsgründen vorsichtig umgegangen werden, und seine umfangreiche Masse wirkt sich negativ auf die Lebensdauer seiner Batterie aus. Um für einen breiteren Benutzerkreis attraktiv zu werden, müssen diese Roboter leichter werden.

In Situationen, in denen ein Roboter mit Menschen interagiert, muss sein Aussehen denen, die mit ihm zu tun haben, ein Gefühl der Vertrautheit vermitteln. Mit anderen Worten: Um seine Aufgaben (Greifen, Finden, Bewegen) erledigen zu können, muss der Roboter den Menschen in seiner Umgebung signalisieren, wie sie sich verhalten sollen. Es ist wichtig, dass diese Signale verständlich sind. Sie können aus verschiedenen Perspektiven analysiert werden: unter anderem aus denen der Anthropologie, der Semiotik und der Psychologie. Die Struktur des Roboters muss nicht nur die Funktionalität unterstützen, die er zur Erledigung seiner Aufgabe benötigt, sondern auch Menschen dabei helfen, mit ihm zu kooperieren (und sei es nur, ihm aus dem Weg zu gehen). Während manche Wissenschaftler Roboter als unabhängige oder sogar autonome

Einheiten betrachten, verstehen andere sie als Geräte, die dem Menschen helfen und denen vom Menschen geholfen wird. Wenn wir für Roboter geeignete, neue Äquivalente von Fahrzeugblinkern oder von Robotern zu öffnende Türgriffe in Gebäude einführen, werden die Design-Entscheidungen für Roboter, die sich unter Menschen bewegen, weit in die Zukunft reichende Konsequenzen haben.

Die Struktur eines Roboters muss nicht nur widerstandsfähig, leicht und stabil sein, sondern seine verschiedenen Elemente, und häufig auch der ganze Roboter selbst, müssen sich bewegen können, was zur kritischen Bedeutung des strukturellen Designs noch beiträgt. Alle verschiedenen Arten der Fortbewegung haben Vor- und Nachteile: Ein, zwei, vier oder sechs Bein(e), Räder und Ketten stellen Möglichkeiten der Bewegung auf dem Land dar. Räder sind äußerst effizient, können jedoch nur auf einem glatten Terrain eingesetzt werden. Die Fortbewegung mithilfe von mehreren Beinen erhöht die Komplexität eines Roboters und erfordert, um dieselbe Entfernung zu überwinden, mehr Energie als Räder oder Ketten. Mit Hybridformen, zum Beispiel mit der Kombination von Ketten und Beinen, hat man ebenfalls experimentiert.[3] Für das Fliegen haben sich, neben verschiedenen Arten und Anordnungen von Propellern, der Natur nachempfundene Flügel als praktikabel erwiesen.

Eine weitere den Aufbau betreffende Überlegung betrifft Vibration und Dämpfung. Um beispielsweise ein robotergestütztes chirurgisches Gerät herzustellen, das mit dem Boden verbunden ist, sich 1,5 Meter nach oben und 60 cm horizontal bewegen und sich dann in die Operationswunde senken kann, sind eine Leichtigkeit, Stabilität und Vibrationsresistenz erforderlich, über welche die meisten Werkstoffe nicht verfügen. Leichtigkeit ist ein wichtiger Faktor, weil das Gewicht von Motoren proportional zu ihrer Leistung zunimmt: Zum Bewegen eines schwereren Arms wird ein größerer Motor benötigt, und beides macht ein Gerät noch schwerer und begrenzt damit die Lebensdauer seiner Batterie, was für die meisten autonomen Roboter eine ständige Einschränkung darstellt.

Nur wenige verfügbare Komponenten sind für die Verwendung in Robotern optimiert, und viele Bauteile für Roboter werden nach wie vor aus anderen Anwendungsbereichen entlehnt. Ob es sich um Motoren, Stellglieder und Getriebe, um Mikroprozessoren jeglicher Größe, Sensoren, Schnittstellengeräte oder Bewegungsenergie handelt: Die Robotertechnik kann, angesichts der geringen Stückzahlen und des hohen Grades der Anpassung an individuelle Kundenwünsche, der in der Produktion von Robotertechnologie gegenwärtig erforderlich ist, von Fortschritten auf einigen anderen Gebieten beträchtlich profitieren. Dass wichtige Komponenten häufig speziell angefertigt oder aus anderen Anwendungen entlehnt werden, ist zum Teil der Grund dafür, dass nur wenigen Anstrengungen auf dem Gebiet der Robotertechnik ein kommerzieller Erfolg beschieden war. Es ist sehr schwer, ein Geschäftsmodell richtig zu entwerfen. Ausnahmen wie die außergewöhnlichen Erfolge der Plattformen für Smartphones und Videospiele bestätigen die Regel. Aufgrund ihrer Stellung innerhalb eines größeren ökonomischen Ökosystems wird die Sensorleiste Kinect von Microsoft zum Beispiel so gut wie sicher unter dem Herstellungspreis verkauft. Sie gibt Roboterfirmen und Forschern in der Robotertechnik eine kostengünstige, leistungsstarke Komponente, die für ihre Zwecke bestens geeignet ist. Die durch Berührung gesteuerten Schnittstellen der Nintendo Wii bieten ein weiteres Beispiel für ein massenhaft vermarktetes, preisgünstiges Tool, das sich für Anwendungen in der Robotertechnik ideal eignet und welches ohne die hohen Stückzahlen der Spielplattformen nicht bezahlbar gewesen wäre.

Es ist nicht einfach, die Vor- und Nachteile der technischen, wirtschaftlichen und die Vermarktung betreffenden Anforderungen gegeneinander abzuwägen. Ein Roboter kann zwar zur Ausführung zahlreicher Aufgaben hergestellt werden, in einer konkreten Situation jedoch zu entscheiden, welche Merkmale zum ursprünglichen Design gehören, welche nachrüstbar sein und welche weggelassen werden sollen, ist nur schwer richtig hinzubekommen. Wenn man die Fähigkeiten eines Roboters erweitert, indem man ihn mit mehr Freiheitsgraden ausstattet, riskiert man Schwierigkeiten bei der Vermarktung. Die Geschichte der militärischen Drohnen bietet hierfür ein relevantes

Beispiel. Im Jahr 1979 startete die Armee der USA das Programm Aquila mit dem Ziel, eine leichte Aufklärungsdrohne zu bauen, die über Funk Bilder der Größe und des Standorts der Truppen des Feindes übertragen können sollte. Zusätzliche Anforderungen kamen schnell hinzu: Nachtsicht, Laserzielmarkierung, Schutz gegen feindliches Bodenfeuer, sichere Radiokommunikation, usw. Das Gewicht der Drohne stieg rasant an, die Komplexität ihres Systems eskalierte und selbstverständlich schossen auch ihre Kosten in die Höhe. Was als ein Projekt im Umfang von 560 Millionen Dollar begann, in dessen Verlauf 780 Drohnen gebaut werden sollten, endete fast ein Jahrzehnt später damit, dass mehr als 1 Milliarde Dollar für Prototypen ausgegeben worden waren, die nicht besonders gut funktionierten.[4] Im Gegensatz dazu stellt der Staubsauger Roomba von iRobot ein Beispiel dafür dar, wie Anwendungsbereich und Leistungsmerkmale eines Produkts in einem marktorientierten Szenario auf bewundernswerte Weise kontrolliert werden können.

Es ist erwähnenswert, dass eine andere neue Technologie, die mit der Robotertechnik in Beziehung steht, die additive Produktionstechnik des 3-D-Druckens, Bienenwabenstrukturen herstellen kann, die menschlichen Knochen sehr ähnlich sind, und die eine geringe Resonanz mit einem niedrigen Gewicht und großer Festigkeit verbinden. Wie wir im gesamten Verlauf dieses Buches noch sehen werden, sind im interdisziplinären Bereich der Robotertechnik Verbesserungen in einem relevanten Unterbereich ständig begleitet von sich wie Domino-Effekte einstellenden Auswirkungen in anderen Bereichen, sei es im Software-Engineering, in der Werkstoffkunde, der Chemie der Batterien oder in der Bildverarbeitung, um nur einige Beispiele zu nennen.

## Sensoren

Auf der elementarsten Ebene benötigt ein Roboter die Kenntnis der räumlichen Position seiner selbst und der mit ihm verbundenen Teile. Eine Möglichkeit, dies zu erreichen, sind Kameras, doch sie haben ihre Grenzen. Erstens können Kameras auf Lichtverhältnisse treffen, in denen ihre Effektivität eingeschränkt ist: Die Sonnenstrahlen am frühen Morgen und am späten Nachmittag können blenden; tiefe Dunkelheit ist eine weitere, offenkundige Einschränkung. Schneefelder können grelles Sonnenlicht reflektieren. Regentropfen können eine Linse unbrauchbar machen. Visuelle Tricks (wie etwa täuschend echt aussehende Schlaglöcher auf eine Straße malen) können Kameras in die Irre leiten.[5] Bilder in Signale umzuwandeln kann für Mikroprozessoren und verschiedene Algorithmen eine Herausforderung darstellen: Selbst wenn es einer Kamera gelingt, ein Bild aufzunehmen, kann es höchst kompliziert sein, ihm nützliche Informationen zu entnehmen. Eine

Ausnahme hiervon sind Situationen, in denen das Ziel stark eingeschränkt ist, wie z. B. bei Kameras zum Lesen von Nummernschildern, die von Polizeibehörden und Repo Men* verwendet werden.[6] Auch hier führen Fortschritte in einem Bereich häufig zu Fortschritten in Bereichen, die damit scheinbar nicht in Beziehung stehen, und die Bilderkennung und -verarbeitung gehören zu den wichtigsten Bereichen der Robotertechnik.

Akustische Entfernungsmesser (Sonargeräte und entsprechende Systeme) sind zwar nützlich, haben aber ihre Grenzen: Diese Geräte sind nicht besonders schnell, besonders im Vergleich mit auf Laserstrahlen basierenden Entfernungsmessern wie zum Beispiel Lidar. Das Satellitennavigationssystem (GPS) ist zwar brauchbar, reicht aber nicht aus. Zur Lösung von Aufgaben in der nächsten Umgebung (wie etwa das Finden einer Kaffeetasse auf dem Tisch, oder des Kühlschranks in der Cafeteria) ist es nicht präzise genug. Es kann blockiert und sein Signalempfang durch menschliche Bauwerke wie Gebäude oder Brücken beeinträchtigt werden. Andere Näherungssensoren, wie zum Beispiel Stoßfänger und Bewegungssensoren, werden ebenfalls häufig in Robotern verwendet.

Wie bei elektronischen Netzwerken im Allgemeinen, wird auch bei Robotern ein großer Prozentsatz ihrer Datenverarbeitungsleistung zur Überwachung des Zustands

---

* Anm. d. Übers.: ein US-amerikanischer Science-Fiction-Thriller von Miguel Sapochnik.

des Roboters selbst verwendet. Ebenso wie ein Säugetier über körpereigene Feedback-Schleifen verfügen muss, um seine Körpertemperatur oder seinen Blutzuckerspiegel zu kontrollieren, muss auch ein Roboter Ressourcen aufwenden, um *seine* inneren Systeme zu überwachen und zu steuern. Da nur wenige Roboter völlig autark sein können, sind möglicherweise ein oder mehrere Radionetze involviert, die den Roboter mit einer Rechner-Cloud oder Basisstation, anderen Robotern, externen Sensoren und dergleichen verbinden. Temperaturen, das Energiemanagement, der Systemstatus und die räumliche Ausrichtung verschiedener Komponenten (in welchem Winkel befindet sich das linke hintere Bein zum Körper?) müssen sämtlich erkannt werden. Ein wichtiges Beispiel für die Selbstbeobachtung ist ein Raderkennungssystem: Ohne ein Satellitennavigationssystem oder eine nahegelegene Signalstation ist eine der Informationen, die einem Roboter am schwersten zu verschaffen ist, der Ort, an dem er sich befindet, besonders im Vergleich mit seinem Standort zwei Sekunden oder drei Minuten früher. Eine einfache Art der Positionsberechnung besteht im Zählen von Radumdrehungen.

Je weiter Roboter entwickelt werden, umso wichtiger werden die Sensoren in ihren Greifern, Krallen oder »Händen«. Ein Roboterarm, der dazu bestimmt ist, eine glatte Bierflasche zu greifen, ohne sie fallen zu lassen, und Ketchup aus einer Plastikflasche zu drücken, ohne dabei zu viel Druck auszuüben, muss zum Beispiel mit der Fähigkeit ausgestattet sein, das Verrutschen von Gegenständen registrieren zu können. Andere Sensoren messen Strahlung (in gefährlichen Situationen), oder erkennen Gerüche (sei es den von natürlichem Gas, von Sprengstoffen oder von anderen Materialien) und Geräusche, einschließlich Sprache.

Letztendlich bleibt das Sammeln von Sensordaten und das darauf basierende Fällen von Entscheidungen eine begrifflich und rechentechnisch schwierige Aufgabe, denn die Umgebung, wie der Roboter sie wahrnimmt, besteht häufig nur aus wenigen Signalen von geringer Auflösung und Qualität, und außerdem ist sein diese Signale interpretierender Apparat – unabhängig von der Qualität der eingegebenen Sensordaten – sehr fehleranfällig. Wenn die Fehlerrate der Sensoren eines Roboters entsprechend hoch ist, machen falsche positive Werte ein Roboterexperiment schnell nutzlos. Da fehlerfreie und genaue Sensordaten nur selten vorausgesetzt werden können, sind die Fehlererkennung und -korrektur von entscheidender Bedeutung für die Verbesserung der Leistung von Robotern.

## Berechnung

Wenn ein Roboter seine externen und internen Bedingungen wahrnimmt, muss er die Signale der Sensoren zuerst in eine verwendbare Form verarbeiten, damit seine Steuersysteme anschließend die Aktivitäten des Roboters lenken können. Obwohl hier Rechnerarchitekturen, Programmiersprachen oder andere wichtige Themen der Computerwissenschaft und -technik nicht diskutiert werden können, ist es vielleicht dennoch hilfreich, auf einige der komplizierten Faktoren einzugehen, die die Roboterwissenschaft zu einer so großen Herausforderung machen.

Die Zeit ist ein schwieriges Thema in der Computerwissenschaft. Angesichts der Tatsache, dass nur sehr wenige Vorkommnisse im Alltag des Menschen wirklich zeitgleich verlaufen, kann die zeitliche Verzögerung zwischen einem Befehl und seiner Ausführung wichtige Konsequenzen haben: der Hochfrequenz-Aktienhandel an der Wall Street ist hierfür ein klassisches Beispiel. Hier kann eine Netzwerk-Latenzzeit von Millisekunden darüber entscheiden, ob ein Angebot angenommen oder abgelehnt wird. Sobald ein Roboter sich bewegen muss, kommt Zeit eine kritische Bedeutung zu.

Das Problem der Zeit führt uns zu einem anderen, damit verwandten Bereich von Schwierigkeiten mit Robotern. Wer mit den ersten Computern aufgewachsen ist, wird sich noch daran erinnern, dass von pünktlichem Feedback keine Rede sein konnte. Wenn nach dem Drücken der Eingabetaste nichts passierte, gab man sehr wahrscheinlich den Befehl erneut ein und drückte die Eingabetaste noch einmal. Jahre später, wenn man sich auf einer Webseite für Online-Bestellungen befand, einmal klickte und dann nichts geschah, klickte man sehr wahrscheinlich nochmals und bestellte auf diese Weise *zwölf* Paar Socken statt sechs. Oder vielleicht wurde keine der Bestellungen registriert. Wenn sich ein Fahrzeug in Bewegung befindet, ist die zeitliche Koordination von Eingaben und Aktionen von kritischer Bedeutung. Da Steuerungssysteme nicht simultan reagieren, kann die Korrektur von unterschiedlichen Verzögerungen zwischen der sensorischen Wahrnehmung, der Signalverarbeitung sowie der Steuerung und Aktivierung kompliziert sein. Was Oszillation ist, weiß jeder, der einmal mit dem Fahrrad zu schnell einen Berg hinabgefahren ist: Es kommt irgendwann der Punkt, ab dem Korrekturen nicht mehr mit der erforderlichen Kraft oder Geschwindigkeit vorgenommen werden können. Eine Antwort auf dieses Problem ist mehr Rechenleistung, doch das erzeugt mehr Wärme und erfordert mehr Energie. In der Rechentechnik gibt es nichts umsonst. Üblicher ist es, dass sowohl die Eingaben als auch die Befehlsvariablen mithilfe von Algorithmen »geglättet« werden. Dies kann zu einer Verringerung der Ruckartigkeit und anderer Störungen von Prozessen führen, die nicht in Echtzeit ablaufen.

Störungen haben einen besonders hohen Preis für Systeme die, statt auf dem Bildschirm, im freien Raum operieren. Da sich vorhersehen lässt, dass es unerwartete Sensoreingaben – einschließlich falscher Eingaben – geben wird, haben strikte Wenn-Dann-Befehlsstrukturen die Tendenz fehlzuschlagen. Und da der Roboter innerhalb der physikalischen Welt agiert und auch darauf einwirkt, können Störungen und andere Fehler selbstverstärkend sein. Fuzzy Logic ist eine Methode des Umgangs mit Störungen, und Roboter widmen der Fehlerkorrektur und verwandten Aufgaben einen beträchtlichen Teil ihrer Rechenleistung.

Das Thema Störungen ist Gegenstand einer wichtigen Diskussion auf dem Gebiet der künstlichen Intelligenz. Jahrzehntelang nahm man an, ein Roboter müsse erst mithilfe seiner Sensoren eine Karte seiner Umgebung erstellen, bevor er damit interagiert. Bei der begrenzten Leistung der CPU* eines Roboters nahm dieser Vorgang jedoch sehr viel Zeit in Anspruch, während der sich die äußere Umgebung aller Wahrscheinlichkeit nach änderte. Daher hinkten die kognitiven Karten des Roboters der Wirklichkeit ständig hinterher. Obwohl eine solche hierarchische Vorgehensweise in manchen komplexen Szenarien erforderlich ist, hat sich in bestimmten Roboteranwendungen eine alternative kognitive Architektur als funktionsfähig erwiesen.

Erinnern wir uns daran, dass ein Roboter als eine Maschine definiert ist, die wahrnehmen, denken und handeln kann. Im Jahr 1986 schlug Rodney Brooks, der sich mittlerweile im Ruhestand befindet, am MIT jedoch vor, das »Wahrnehmen-Denken-Handeln«-Modell könne durch ein »Verhaltensmodell« der Form »Wahrnehmen/Handeln/Er-

* Anm. d. Übers.: Central Processing Unit = Zentrale Datenverarbeitungseinheit

neut wahrnehmen/Handeln gemäß der neuen Information« ersetzt werden. Statt auf der Grundlage von abstrakten Wiedergaben der Wirklichkeit zu handeln, die aus der Wahrnehmung durch die Verarbeitung von Sensordaten und aufgrund von Karten aufgebaut wurden, könnten Roboter sich in eine Umgebung versetzen, die sie annäherungsweise wahrnehmen. Das Ergebnis des Verhaltens dieser Roboter erscheint erstaunlich »intelligent«, insofern ihre Handlungen auf Einsicht zu beruhen scheinen, obwohl dies *de facto* nicht der Fall ist.[7]

Das Aufkommen dieser Vorgehensweise, die in zahlreichen Robotern – einschließlich dem Staubsauger Roomba von iRobot – Verwendung findet, bedeutet, dass sich die Verbesserungsbemühungen auf einfache Verhaltensformen richten können: bewegen, vermeiden, reagieren gemäß »wenn-dann«-Verhaltensweisen. Denjenigen, die fragen, ob Roboter so programmiert werden können, dass sie Menschen schützen oder auf irgendeine Weise Gutes erstreben können (wie es Isaac Asimov in seinen drei Gesetzen der Roboterwissenschaft beschrieben hat), musste Brooks antworten: »Das ist unmöglich.« Das einfache Modell »Wahrnehmen/Handeln/Erneut wahrnehmen/Handeln gemäß der neuen Information« hat ein scheinbar intelligentes Verhalten als unbeabsichtigtes Nebenprodukt mehrerer kleiner Entscheidungen. Roboter verfügen in der Regel über kein Master-Modell der Wirklichkeit; derartige Modelle sind ganz einfach zu schwer zu erstellen.[8]

Damit soll nicht gesagt werden, dass Roboter sich rein reaktiv verhalten. Ein wichtiges Problemgebiet hat mit dem Erstellen von Handlungspfaden und mit Planung zu tun. Wenn ein Roboterarm mit, sagen wir, vier Gelenken mit jeweils *x* Freiheitsgraden sich aus seiner aktuellen Position dorthin bewegen muss, wo sich eine Flasche mit Waschmittel befindet, dann ist es alles andere als einfach, seine Finger in die richtige Position zu bringen, um sich in der richtigen Höhe im richtigen Winkel auf die Flasche zuzubewegen, ohne dabei die 15 Zentimeter entfernte Topfpflanze umzustoßen. Der Roboter muss ein hohes Maß an Aufmerksamkeit darauf richten, die Erkennung des Zieles oder Targets (die Flasche) mit dem Vermeiden des Hindernisses (der Pflanze) innerhalb der Grenzen seiner mechanischen Systeme auszubalancieren. Einige geplante Routen werden zwar direkt sein, aber den Hindernissen auf dem Weg nahe kommen, sodass Sicherheitserwägungen (verbunden mit einem gesunden Respekt vor breiten Fehlerspannen bei Sensordaten) normalerweise die gleichberechtigte Berücksichtigung von Hindernissen und Zielen unterstreichen.[9]

In immer mehr Kontexten werden Roboter, Sensoren oder beide in Gruppen eingesetzt. Die kognitive Belastung solcher Geräte wird durch das Vorhandensein anderer Akteure mit gleichen Zielen verkompliziert, die denselben physischen Raum einnehmen sowie die gleiche Stärke und dieselben Einschränkungen haben. Ähnlich wie im Falle von Vögeln oder Insekten haben in »Schwärmen« auftretende Roboter möglicherweise keinen »kommandierenden« Roboter, der die Leitung über alle anderen hat und Ziele und Vorgehensweisen festlegt. Stattdessen verfügen sie vielleicht über höchst einfache Regeln, die Koordination ohne eine Hierarchie bewirken.[10]

## Handeln

Wenn Wahrnehmung und welcher Grad von Kognition auch immer zu einem Befehl führen, müssen Roboter den Befehl ausführen, häufig im dreidimensionalen Raum. Dieser Bereich unterscheidet Roboter von zweidimensionalen Computern auf zweierlei Weise. Erstens wird die Bewegung im Raum durch Motoren, Hydraulik und andere Effektoren ermöglicht, die weder so präzise sind wie Pixel auf einem Bildschirm, noch sich in einer vergleichbar vorhersagbaren Umgebung befinden. Zweitens finden Mensch-Roboter-Interaktionen in Echtzeit und in drei Dimensionen statt. Dies erfordert mehr menschliche Wahrnehmung und mehr kognitive und emotionale Energie als eine mit einem Desktop verkabelte Maus und Tastatur. Die Verhaltensregeln sind daher komplizierter. Mit anderen Worten: Roboter sind zum Teil deshalb schwerer zu bauen, weil Menschen mit ihnen auf eine weniger eingeschränkte Weise interagieren, als dies bei der Verwendung eines Desktop-Rechners der Fall ist.

Apples Sprachassistent Siri, der IBM-Computer Watson und die Google-Suchmaschine stellen sämtlich Beispiele für neuere Fortschritte bezüglich der Schnittstelle zwischen Mensch und Computer dar. Statt lediglich Sprachbefehle zu akzeptieren, die Mausklicks nachahmen, müssen diese auf der Verarbeitung natürlicher Sprache basierenden Systeme lernen, mehrere Stimmen (im Gegensatz zu älteren Systemen, die von einem einzelnen Sprecher »trainiert« wurden) und Feinheiten zu verstehen, die über bloße Wörterbuchdefinitionen hinausgehen.

Man stelle sich vor, man trifft den Hund eines Nachbarn auf einem Spaziergang. Wenn man sagt »Deinen Rücken kratzen?«, »Zurück mit dir«, »Komm' hierher zurück«, oder »Geh' zurück nach Hause« kann man hiermit vier vollkommen verschiedene Intentionen zum Ausdruck bringen. Dies ist der Punkt, an dem die Künstliche Intelligenz an den gegenwärtigen Stand der Robotertechnik anknüpft: Wenn Maschinen mit Menschen interagieren, sind die Menschen in der Regel nicht eindeutig bezüglich dessen, was sie wollen, und darin, wie sie diese Wünsche zum Ausdruck bringen. Wird statt der Eingabe eines Suchausdrucks ein Befehl ausgesprochen, so führt dies in den Vorgang der Interpretation weitere Schwierigkeitstypen ein.

Obwohl im Vokabular der Roboterwissenschaft »Steuerung« als eine der Kernfunktionen von Robotersystemen gilt, ist das Wort »Steuerung« tatsächlich problematisch. Verglichen mit einem Menschen, der ein ferngesteuertes

Spielzeugauto lenkt, zum Beispiel, können verschiedene Ebenen unterschiedlicher Software-Architekturen entweder zufälliger oder weniger zielorientiert arbeiten, als das beobachtete Verhalten des Systems nahelegen würde. Bei autonomen Robotern (im Gegensatz zu vorprogrammierten, örtlich verankerten Robotern in einer Werkshalle, die immer wieder dieselben Bewegungen ausführen) hat sich eine Standardarchitektur herausgebildet. Auf der obersten Ebene werden menschliche Anweisungen entgegengenommen, und das Robotersystem plant, legt Ziele fest und ändert möglicherweise das Aussehen des Roboters. Die oberste Kontrollebene reicht die Steuerung an eine mittlere Ebene weiter, auf der Navigation und Hindernisvermeidung parallel arbeiten. Schließlich übersetzt die Steuerung von Motoren und ähnlichen Geräten auf der unteren Ebene die Befehle der obersten Ebene in räumliche Bewegung, und überwacht und passt die Geschwindigkeit, das Fahrverhalten und die Kippsicherheit genauestens an. Das Feedback von Sensoren der unteren Ebene fließt nach oben, während die Befehlslogik gleichzeitig in die entgegengesetzte Richtung übersetzt wird.[11]

## Warum gibt es plötzlich so viele Roboter?

Forschungen in der Roboterwissenschaft gibt es seit der Mitte der 1960er Jahre. Was ist also der Grund dafür, dass

Roboter im zweiten Jahrzehnt des 21. Jahrhunderts plötzlich massenhaft produziert werden? Betrachten wir die Frage aus der Perspektive der Verkaufsbemühungen der Angebotsseite sowie der Kaufwünsche auf der Nachfrageseite. Auf der Seite der Nachfrage spielen geopolitische Faktoren eine Rolle. Der Widerstand gegen Immigration hat den Bedarf an der Automatisierung alltäglicher einfacher Aufgaben aus sozialen Gründen verstärkt; tatsächlich sind Deutschland, Japan und Südkorea die Länder der Welt mit der größten Zahl von Industrierobotern pro Arbeiter. Alle drei Länder haben niedrige Geburtenraten und umfangreiche Industriesektoren mit einer automatisierten Produktion. Man geht davon aus, dass in Zukunft Pflegeroboter helfen werden, die Konsequenzen einer höheren Lebenserwartung in Verbindung mit dem Wunsch nach geringerer Immigration aufzufangen. Wenn Roboter in Versorgungsketten und in der Produktion verwendet werden, können sie präzise, sich ständig wiederholende Aufgaben (wie zum Beispiel Schweißarbeiten oder die Herstellung von Leiterplatten) standardisieren oder stattdessen den Menschen von monotonen Aufgaben von geringem Wert befreien (wie etwa dem Transport von Schmutzwäsche in Krankenhäusern).

Obwohl Google, Volvo, Audi, Mercedes-Benz und andere Firmen selbstfahrende Fahrzeuge entwickeln, integrieren viele herkömmliche Autofirmen Roboter- oder »Robot-Lite«-Verhaltensweisen in ihre Produkte. Ob es sich dabei um das automatische Einparken in Parklücken, das Folgen eines bestimmten Pfades (Spurabweichungswarnung), die Abstandserkennung (sowohl in Form von Kameras für das Einparken rückwärts als auch von in die vordere Stoßstange installierter Sensoren zur Verhinderung von zu dichtem Auffahren) oder um GPS-Systeme handelt: Moderne Automobile verwenden eine Vielzahl von Systemen, deren Sensoren, Logik oder eingreifendes Verhalten die Grunddefinition eines Roboters erfüllen.

Wie P. W. Singer in seinem Buch *Wired for War** aufgezeigt hat, lassen sich die Investitionen der USA in robotergestützte Kriegstechnik auf den zunehmenden politischen Preis für Kriegsgefallene nach dem Vietnamkrieg zurückführen. Nachdem der Tod von mehr als 58 000 amerikanischen Soldaten in Südostasien dazu beigetragen hatte, an der Heimatfront starke antimilitärische Gefühle zu wecken, begannen hohe Verteidigungsstrategen zusammen mit zivilen Gesetzgebern (vor allen anderen Senator John Warner aus Virginia, im Jahr 2000) mehr Ressourcen für unbemannte Systeme bereitzustellen.[12]

Die Zunahme asymmetrischer Kriegstechniken im Irak, in Somalia, Afghanistan und anderswo verstärkte die Nachfrage nach Geräten, mit denen man sich gegen selbstgebaute Sprengkörper und andere Waffen verteidigen konnte, die in Aufständen eingesetzt werden. Auf lange Sicht wür-

* *Verdrahtet für den Krieg*

den Kampfroboter möglicherweise die längerfristigen Kosten für die Versorgung verwundeter Soldaten verringern: Es wird teuer werden, die Generation derjenigen, die durch improvisierte Sprengkörper Gliedmaßen verloren haben, für nicht weniger als die nächsten 50 Jahre zu versorgen, sofern nicht bahnbrechende Fortschritte in der Prothetik, der künstlichen Mobilität oder der Regeneration von Geweben erzielt werden.

Und schließlich hat auch die NASA* zum Fortschritt der Robotertechnik beigetragen, hauptsächlich durch die Entwicklung der Marslandefahrzeuge. Tatsächlich ist Mars der einzige Planet im Sonnensystem der ausschließlich von Robotern bevölkert ist.

Was die Angebotsseite betrifft, so sind es sechs breite Entwicklungen, die gemeinsam Roboter leichter realisierbar werden lassen.

### 1. Das Moore'sche Gesetz

Die Beobachtung von Gordon Moore, eines der Mitbegründer von Intel, bezüglich der Anzahl der Transistoren auf einem Schaltkreis – das Moore'sche Gesetz – hat sich seit fast 50 Jahren als zutreffend erwiesen: Die Dichte der Transistoren, und damit verbunden die Gesamtrechenkapazität, verdoppelt sich in etwa alle zwei Jahre. Da viele Aufgaben von Robotern (Pfadplanung, Umgebungserkennung oder

* National Aeronautics and Space Administration = Nationale Luft- und Raumfahrtbehörde

-deutung, Sicherheitssperren) sehr rechenintensiv sind, führt eine höhere Rechenleistung bzw. -geschwindigkeit dazu, dass mehr Aufgaben in Echtzeit erledigt werden können, statt zu lange zu dauern oder ausgelagert werden zu müssen. Mehr interne Rechnerkerne bedeuten, dass es möglich geworden ist, auf einem integrierten Schaltkreis mehr Aufgaben in Angriff zu nehmen oder zu koordinieren. Die in Robotern ablaufende Übersetzung der realen Welt mithilfe von Sensoren in eine Logik, die in kognitive Prozesse integrierbar ist, profitiert von Fortschritten in der Bildverarbeitung für Videospiele und in Anzeigetreibern, und umgekehrt.

## 2. Komponenten

Die Kinect-Kamera von Microsofts Gaming-System (zusammen mit der dazugehörigen Bewegungserkennung und 3D-Software/Firmware) hat dazu geführt, dass computergestütztes Sehen sowohl in finanzieller Hinsicht, als auch was die Rechenleistung betrifft, erschwinglicher geworden ist. Die Robotertechnik entlehnt zum Beispiel Schrittmotoren von den wesentlich größeren Märkten für Kameras und Autofenster. Kleine, energiesparende und hochauflösende Kameras werden für Mobiltelefone millionenfach hergestellt. Energiesparende und nur wenig Wärme entwickelnde Mikroprozessoren können auch in Roboteranwendungen verwendet werden. Zusätzlich zu integrierten Schaltkreisen, die für Mobiltelefone bestimmt sind, stellen der Mikrokontroller von Arduino und der kreditkartengroße Linux PC Raspberry Pi Laboratorien und Produktentwicklungs-Abteilungen äußerst kostengünstige Rechenhochleistungen zur Verfügung. Die Massenproduktion von Tablet-PCs hat außerdem die Kosten von Berührungsbildschirmen gesenkt, bei denen es sich früher um Spezialkomponenten handelte.

**3. Mathematik**

Algorithmen für die Pfadberechnung, Bildverarbeitung, die Interpretation von Sensordaten und das Erfassen von situativen Kontexten können den Fortschritten in angrenzenden Bereichen entlehnt werden, wie zum Beispiel der Datensuche, der Analyse sozialer Netzwerke, Computerspielen, der Videowiedergabe sowie der Verarbeitung natürlicher Sprache. Maschinelles Lernen hat sich zu einem der Schlüsselfelder bei der Datensuche und der Analyse von riesigen Datenmengen (»Big Data«) entwickelt, wodurch Forschungen auf dem Gebiet der Künstlichen Intelligenz nach einer Zeit, in der ihnen wenig Interesse entgegengebracht und wenig dafür investiert wurde, wieder in den Vordergrund getreten sind. Eine breite Open Source-Bewegung hat sich auch auf die Roboterwissenschaft ausgedehnt, um mehr Code-Bibliotheken zur Verfügung zu stellen, sodass in weniger Projekten ganz von vorne angefangen werden muss. Statt beispielsweise die weltweit 5. oder 95. Bibliothek für die Türöffnung durch Roboter zu schreiben, können Programmierer auf den früheren Versuch ihrer Kollegen zur Lösung dieses häufigen Problems zurückgreifen bzw. ihn an ihre Anforderungen anpassen.

**4. Menschliches Talent**

Ob es sich um die Mindstorms-Roboterwettbewerbe von Lego, die wachsende Zahl von Studenten, die Informatik als Hauptfach wählen, oder die weltweite Zunahme von eigenständigen Fachbereichen für die Roboterwissenschaft an den Universitäten handelt: Immer mehr und immer bessere Studenten entscheiden sich für dieses Fachgebiet. In dem Maße, in dem der Wirtschaftszweig zum Bau von Industrierobotern, für sensorgesteuerte Technologien in Automobilen und Haushaltsgeräten sowie für militärische Technologien und für die Luft- und Raumfahrt weiterhin Fachkräfte anheuert, vereint das Fachgebiet wirtschaftliche Vernunft mit dem fraglosen »Coolness«-Faktor, am Bau von Robotern teilnehmen zu können.

**5. Geld**

Im privaten Sektor hat der dramatische Aktienkursanstieg bei Intuitive Surgical, verbunden mit mehreren öffentlich profilierten Aufkäufen von neuen Roboterunternehmen im Jahr 2012, dazu beigetragen, dass Risikokapital für Roboterunternehmen gewonnen werden konnte. Googles im Fokus der Öffentlichkeit stehenden Aufkäufe von Nest (für 3,2 Milliarden Dollar) und Boston Dynamics (für einen nicht bekannt gegebenen Betrag) haben weitere Aufmerksamkeit auf den Bereich gelenkt. Nicht nur hat Amazon für 775 Millionen Dollar Kiva gekauft, sondern Japans SoftBank erwarb für angeblich 100 Millionen Dollar einen Anteil an dem französischen Unternehmen Aldebaran, das menschenähnliche Roboter herstellt. Und schließlich ist es unmöglich, die Bedeutung des massiven Anstiegs der Ausgaben für Roboter im militärischen Bereich zu überschätzen: Für die Entschärfung von Bomben, die Überwachung von Grenzen und die Kriegsführung mit Drohnen, um drei Projekte zu nennen, an denen gegenwärtig gearbeitet wird. Obwohl es angesichts der komplexen und geheimen Natur von Verteidigungsausgaben schwer ist, genaue Zahlen zu gewinnen, lag eine Branchenschätzung der Ausgaben für militärische Roboter im Jahr 2010 bei 5,8 Milliarden, mit einem prognostizierten Anstieg auf 8 Milliarden Dollar für das Jahr 2016.[13]

### 6. Sonstige Faktoren

Die umfassenden Anforderungen in der Herstellung von Robotern profitieren von Fortschritten in Bereichen, die bereits weiter entwickelt sind.

- Spannungswellengetriebe, die 1957 erfunden wurden, werden in Präzisionsanwendungen wie zum Beispiel beim Drucken, im Maschinenbau und in der Luft- und Raumfahrt zusammen mit der Robotertechnik verwendet. Ihr hohes Drehmoment, ihre Kompaktheit und ihr geringes Gewicht sowie die Möglichkeit im gleichen räumlichen Volumen wesentlich größere Übertragungsverhältnisse als mit traditionellen Umlaufrädergetrieben zu erzielen sind nur einige der Eigenschaften, die sie für die Hersteller von Robotern attraktiv machen.

- Das Satellitennavigationssystem (GPS) ist allgegenwärtig, kostenlos und kann als Teil der Sensoren eines Roboters zur groben Erkennung seiner Position verwendet werden.
- WiFi geht auf ein Kernproblem autonomer Roboter ein: Wie kann man das frei bewegliche Gerät mit einer Basisstation, einem entfernt gelegenen Prozessor, einer externen Kamera oder einem anderen Gerät verbinden? Frühere Generationen von Roboterforschern mussten komplizierte und langsame Radioprotokolle anpassen oder Roboter mithilfe von Kabeln verbinden, um ein Gerüst für ihre Forschungen zu erstellen. Die Verfügbarkeit eines kostengünstigen, zuverlässigen WiFi-Netzwerkes gibt heutigen Forschern die Freiheit, sich auf grundlegendere Probleme zu konzentrieren. Die Verwendung von WiFi-Netzwerken ebnet außerdem den Weg für die »Cloud-Robotertechnik«, bei der aufwendige Datenverarbeitungen auf Server ausgelagert werden können, die sich entweder außerhalb des Robotergerüsts oder sogar an einem von der Forschungsinstitution weit entfernten Ort befinden. Dies hat zusätzlich den Vorteil, dass das

gemeinsame Lernen über mehrere Geräte hinweg zunimmt.[14]

- Laserscanner werden seit den 1960er Jahren verwendet, kurz nach der Erfindung des Lasers. In dem Maße, in dem seine Kosten zurückgingen und seine Zuverlässigkeit zunahm, war Lidar* in autonomen Robotern weit verbreitet, sowohl zur Wahrnehmung der Umgebung als auch zur Klassifizierung von Objekten.
- Verbesserungen im Software-Engineering (bei der Fehlerbehebung, in den Prinzipien der Modularität, bei neuen Arten der Programmiergerüste für Entwicklungen) haben dazu beigetragen, den Stand der Robotertechnik voranzubringen, da Roboter für ihren Betrieb sehr viel Programmcode benötigen und es für Roboter kein dominantes, einsatzbereites Betriebssystem (wie etwa Windows) gibt. Kommerzielle Software wie Mathematica ist bei der Verarbeitung von Sensordaten und für andere Funktionen von Robotern ebenfalls nützlich.
- Innovationen in der Materialwissenschaft haben ebenfalls geholfen, das Fachgebiet voranzubringen, sei es durch die Polymere, die man verwendet, um eine lebensechtere und flexible »Haut« für Roboter herzustellen, die mit Menschen interagieren; die für unbemannte Fahrzeuge eingesetzten Kohlenstofffasern und Flugzeugme-

---

* Laser Detection and Ranging; eine Methode zur optischen Abstands- und Geschwindigkeitsmessung. Im Gegensatz zum Radar werden hierbei statt Radiowellen Laserstrahlen verwendet.

talle; oder die »intelligenten« Stoffe, die je nach Bedarf den Strom leiten, abfangen oder als Halbleiter dienen können. Dank der deutlich verbesserten Batterien hat die Werkstoffkunde in Laptops und Smartphones Innovationen im Energiemanagement ermöglicht, die aus den begrenzten, vereinten Forschungsgeldern sämtlicher Bereiche der Robotertechnik niemals hätten finanziert werden können.

- In der gleichen Weise, in der die Computerwissenschaft über Jahrzehnte das Schachspiel als Herausforderung für ihre Methoden nahm, wählte sich die Roboterwissenschaft als äußersten Maßstab für ihre teamfähigen, unabhängigen Roboter die Fußballweltmeisterschaft. Seit 1997 dient die Roboter-Fußballweltmeisterschaft jedes Jahr als standardisiertes Testfeld für Forschungen in der künstlichen Intelligenz und in den angrenzenden Bereichen. Das offizielle Ziel wird folgendermaßen angegeben: »Um die Mitte des 21. Jahrhunderts wird ein Team von vollkommen selbstständigen, menschenähnlichen Roboterfußballspielern, unter Einhaltung der offiziellen FIFA-Regeln, ein Fußballspiel gegen den Sieger der letzten Weltmeisterschaft gewinnen.«[15]

Diese kurze Übersicht zeigt, wie umfassend und tiefgehend das Interesse an der Roboterwissenschaft geworden ist, und sie deutet ihre künftigen Möglichkeiten für viele Lebensbereiche nur an. Es ist unwahrscheinlich, dass die Bedeutung der Kräfte, die die Fortschritte in der Roboterwissenschaft vorantreiben – Bevölkerungsentwicklungen, technische Innovationen, Krieg und Politik, ständig zunehmende Rechenleistung –, in naher Zukunft zurückgehen wird. Die kommenden Jahrzehnte werden das Bewährungsfeld für verschiedene Arten von Robotern sein. Was so viel bedeutet wie: Die Zukunft der Roboterwissenschaft sieht äußerst vielversprechend aus – und einigermaßen chaotisch.

5

# SELBSTFAHRENDE FAHRZEUGE

Mehr als jede andere Technologie vor ihnen haben Personen- und Lastkraftwagen (leichte und schwere) in wenig mehr als 100 Jahren gemeinsam das Aussehen der Erdoberfläche verändert. Die motorisierte Fortbewegung definierte in mancher Hinsicht das 20. Jahrhundert: durch Vororte, Verkehrsstaus und dadurch, dass ein großer Prozentsatz der Arbeiterschaft der industrialisierten Welt sie unterstützte. Außerdem hat sie eine entscheidende Rolle bei der weltweiten Emission von Kohlendioxid in die Atmosphäre gespielt. Nach einigen größeren Entwicklungen, wie der automatischen Gangschaltung und der Klimaanlage, hat sich die Fahrzeugtechnologie nicht mehr wesentlich verändert, während die Weltbevölkerung seit 1960 von drei auf mehr als sieben Milliarden angewachsen ist. Daher werden die Auswirkungen der 100 Jahre alten Technologie (insbesondere des Verbrennungsmotors) in Indien, China, Mexiko, Brasilien und anderswo auf der Erde wahrgenommen. Nach einer Schätzung erwirtschaften die Fahrzeugindustrie und ihre Zulieferfirmen weltweit jährlich Einkünfte in Höhe von zwei Billionen Dollar.[1]

Viele dieser Auswirkungen sind negativ: von der oben genannten Umweltbelastung, der Zeitvergeudung im Straßenverkehr bis hin zu den Zehntausenden von Unfalltoten jedes Jahr. Um den positiven Nutzen der Mobilität durch Autos zu erhalten und dabei gleichzeitig ihre negativen Konsequenzen zu verringern, gibt es stärkste Beweggründe für den Einsatz selbstfahrender oder halbautonomer Fahrzeuge:

- In gefährlichen Situationen, einschließlich (aber nicht begrenzt auf) in Kriegen, bei Naturkatastrophen oder von Menschen verursachten Risiken, ist es äußerst wünschenswert, Versorgungsmaterial anliefern und Menschen und Güter abtransportieren zu können. Die zahlreichen Todesopfer und Verletzten der Lieferkonvois der USA im Mittleren Osten, die improvisierten Sprengkörpern zum Opfer fielen, sind stumme Zeugen der deutlichen Vorteile fahrerloser Lastwagen.
- Niemand kann genau berechnen, wie viel Zeit und Brennstoff in Verkehrsstaus verschwendet werden. Eine Schätzung aus dem Jahr 2003 ging von 3,7 Milliarden verschwendeten Stunden und 8,7 Milliarden Litern vergeudetem Benzin aus. Eine weitere Unter-

suchung von 2010 gelangte zu vergleichbaren Werten: 4,8 Milliarden Stunden verschwendeter Zeit und 7,2 Milliarden Liter vergeudeten Brennstoffs.[2]

- Autos sind die meiste Zeit nicht in Gebrauch und kosten, auch wenn sie nicht gefahren werden, wertvolle Ressourcen (wie jeder, der Parkgebühren in einer Großstadt bezahlt hat, bezeugen kann). Nach einer Schätzung werden Autos nur für 4 % der Zeit ihrer gesamten Lebensdauer gefahren.[3]
- Ein Auto auf eine sichere Weise zu fahren, ist keine einfache Sache. Mit zunehmendem Alter verringert sich die Reaktionszeit von Autofahrern und ihr Seh- und Hörvermögen lassen nach. Jeden Tag werden von betrunkenen und unerfahrenen Fahrern tragische Unfälle verursacht. Jede Zunahme der Verkehrsdichte macht das Fahren schwieriger: Geduld, Geschicklichkeit und Wachsamkeit sind nicht immer im erforderlichen Maß vorhanden, während die Straßen jedes Jahr weiter verstopfen und im Pendlerverkehr immer weitere Strecken zurückgelegt werden. Die Weltgesundheitsorganisation schätzt, dass jährlich 1,2 Millionen Menschen im Straßenverkehr ums Leben kommen.

### Wie Roboterfahrzeuge helfen könnten

Die Reaktionszeit des Menschen und seine visuelle Schätzung von Abständen sind unzuverlässig. Es lassen sich unschwer zahlreiche Situationen vorstellen, in denen Maschinen Autos besser steuern können als Menschen. Betrachten wir die Tatsache, dass die Berechnung der Geschwindigkeit eines ihm entgegenkommenden Autos für einen Menschen eine bloße Vermutung ist: Insgesamt beurteilen Menschen ihr Zeitfenster (zum Beispiel, um vor dem entgegenkommenden Wagen links abzubiegen) jeden Tag millionenfach falsch. In Verbindung mit entsprechender Rechenkapazität machen Lidarsysteme diese Kalkulation für einen Computer zu einer trivialen Angelegenheit. Selbst abgesehen von Googles fahrerlosem Auto, steuern Computer jedes Jahr mehr und mehr Autos, sei es durch Antriebssteuerung oder andere robotergestützte Hilfen. Audi hält gegenwärtig zwei Geschwindigkeitsrekorde für selbstfahrende Automobile,[4] und viele andere Herstellerfirmen erforschen ebenfalls die Möglichkeiten dieser Technologie.

Sperrvorrichtungen, die betrunkene Fahrer, überhöhte Geschwindigkeit oder das Verlassen eines bestimmten geografischen Bereichs erkennen, gibt es bereits. Würde man sie damit verbinden, dass ein Roboter das Fahren in einer potenziell gefährlichen Situation übernimmt, so könnte dies von manchen Autobesitzern begrüßt werden.

Bei der Unterstützung durch Roboter muss die Alternative keineswegs Alles oder Nichts lauten. Ebenso wie die Antriebssteuerung verhindert, dass Wagen auf glatten Fahrbahnen außer Kontrolle geraten, wird ein Trend darin bestehen, Autofahrern immer umfassendere »Hilfen« zu geben: 2015 hat Tesla* ein Programm zum schrittweisen Ausbau der Fähigkeiten zur automatischen Steuerung begonnen. Diese Hilfen könnten auch in Lidar-Sichtgeräten bestehen (ähnlich den Nachtsichtgeräten, die in einigen Automodellen bereits optional erhältlich sind) oder in einem schnelleren Drehen des Lenkrades, als es einem körperlich schwachen Fahrer in einer Paniksituation möglich wäre, oder im automatischen Einparken, das in einzelnen PKW auf dem Markt ebenfalls bereits eine Zusatzoption ist. Auch die Wegfindung in Form automatischer Satellitennavigationssysteme sowie die Berücksichtigung von Verkehrs- und Wetterverhältnissen in Echtzeit könnten attraktiv sein: Personen in Mietwagen in fremden Städten könnten vielleicht die »Autopilot«-Taste drücken, Pendler auf dem abendlichen Heimweg entlang der Straßen mit dem geringsten Verkehrsaufkommen geführt werden.

Parkplätze sind in Stadtgebieten selten zu finden und teuer. Für Parkplätze in der Nähe attraktiver Ziele, wie Einkaufszentren, Theater oder Sportstätten, müssen Autofahrer zahlen. Man kann sich das selbstfahrende Auto leicht

---

* Anm. d. Übers.: Hersteller von Elektroautos in Palo Alto in Kalifornien

als Diener seines Besitzers vorstellen, der ihn und andere Passagiere am abendlichen Ziel – einem Theaterstück, einem Film oder bei einer Party – absetzt und sich dann zu einer kostengünstigen Parkmöglichkeit zurückzieht (ähnlich wie Parkplätze außerhalb des Flughafengeländes billiger sind), bereit sie auf Abruf wieder abzuholen.

Ferner kann man sich Autos als automatisierte Taxis vorstellen, als Service statt als Produkt. Nachdem man ein automatisiertes Taxi angewiesen hat, Fahrgast eins an seinem Ziel abzusetzen, könnte ein Algorithmus, der exakter arbeitet als ein Mitarbeiter in einer Taxizentrale, das Taxi zum nächsten möglichen Fahrgast leiten, es anweisen *diesen* zu seinem Ziel zu fahren und den Vorgang fortsetzen. Durch ein solches System würde das Verkehrsaufkommen verringert: Statt dass zum Beispiel fünf Fahrer jeweils mit ihrem eigenen PKW morgens zur Arbeit fahren, könnte ein Wagen fünf Passagiere nacheinander abholen oder als eine Mitfahrgemeinschaft transportieren, wenn sie (a) lieber in Gesellschaft fahren oder (b) Geld sparen wollen. Parkplätze könnten für wichtigere Zwecke genutzt werden. Die Menschen würden mehr Einkommen zur Verfügung haben. Eigentümer eines Autos zu sein, ist eine teure Angelegenheit, wenn man die Kosten für Treibstoff, Wartung, Versicherung und Parken sowie die Tatsache bedenkt, dass es sich um einen Gegenstand handelt, der für 96 % seiner Lebenszeit nicht in Gebrauch ist. Im Unterschied zu einem Taxi müsste ein Roboter niemals »nach Hause« fahren, sondern er könnte anhalten und tanken oder seine Batterie aufladen, wann immer sein Algorithmus dies als optimal errechnet. Durch eine Preisgestaltung in Echtzeit könnte die Verkehrsdichte während des gesamten Tages ausgeglichen werden. Zeitlich flexiblere Passagiere könnten zum Beispiel für »die erste verfügbare Fahrt nach 10:30 Uhr« weniger bezahlen. Uber, eine Alternative zum traditionellen Taxi, die auf einer Smartphone-Anwendung und Fahrern basiert, die statt gekennzeichneter Taxis ihre eigenen Fahrzeuge verwenden, investiert im großen Stil in selbstfahrende Autos. Das Unternehmen stellt außerdem Personal mit geeigneten Hochschulabschlüssen ein, und die veröffentlichte Vision des Firmenleiters orientiert sich an diesem Szenario.[5] Im Frühjahr 2016 unterzeichnete Lyft, ein weiteres neues Unternehmen der Autovermietungsbranche, mit General Motors einen Vertrag über 500 Millionen Dollar zur Entwicklung von selbstfahrenden Taxis.[6]

Zusätzlich dazu, dass sie praktisch und bequem sind, können Roboterautos mit geringerem Abstand, als dies bei von Menschen gesteuerten Autos möglich ist, sicher fahren. Mit schnelleren Reaktionszeiten und ohne die Faktoren, die dem risikofreien Fahren beim Menschen entgegenstehen (essen, sich schminken, SMS schreiben, fahren mit verschiedensten Beeinträchtigungen oder mit einer körperlichen Behinderung), können Roboterautos das Fahrverhalten von ihresgleichen leichter vorhersehen. Sowohl die Kapazität, als auch die Effizienz des Verkehrsflusses sollten zunehmen, wodurch Straßenerweiterungen in einigen Fällen weniger dringlich würden. Auf bekannten, kartografierten Straßen können Roboterautos mit optimaler Geschwindigkeit fahren. In den Anfängen seiner Forschungen zu selbstfahrenden Autos programmierte BMW eine Limousine der Serie 3 mit den kumulativen Ergebnissen der Läufe seiner besten Testfahrer als Trainings-Tool für junge Fahrer. Obwohl es die richtigen Wege in eine Ecke und wieder heraus wählen kann, verbunden mit den entsprechenden Schalt-, Beschleunigungs- und Bremsmanövern (die einigermaßen einfach zu automatisieren sind), kann BMWs selbstfahrendes Auto seinen Weg noch nicht neben anderen Fahrzeugen finden.[7]

## Wie autonome Fahrzeuge sich entwickeln

In den letzten zehn Jahren haben sich autonome Fahrzeuge mit einer rasanten Geschwindigkeit weiterentwickelt. Man bedenke, dass die beiden Arbeitsökonomen Frank Levy und Richard Murnane 2004 in ihrem Buch *The New Division of Labor** die Probleme diskutiert haben, die durch implizites Wissen entstehen (durch Dinge, die Menschen zwar wissen, aber nicht ausdrücken können). Als Beispiel für eine Aufgabe, die sich – im Gegensatz zu einer Kredit-

* *Die neue Arbeitsteilung*

würdigkeitsprüfung – angeblich nicht für eine regelbasierte Definition eignet, verwendeten sie das Linksabbiegen eines Lieferwagens vor entgegenkommendem Verkehr.

> Der Fahrer des Bäckereilieferwagens verarbeitet einen kontinuierlichen Strom von Informationen aus seiner Umgebung: visuelle Daten über Verkehrsampeln, visuelle und akustische Daten über die Bewegungsbahnen von Kindern, Hunden und anderen Autos, akustische Daten über ungesehene Fahrzeuge (möglicherweise auch über Sirenen), taktile Daten über die Leistung des Lieferwagenmotors, seines Getriebes und die Bremsen des Wagens. Um dieses Verhalten zu programmieren, könnten wir mit einer Videokamera und anderen Sensoren beginnen, die Eingangsdaten aufzuzeichnen. *Doch die Durchführung eines Abbiegemanövers nach links vor entgegenkommendem Verkehr umfasst so viele Faktoren, dass es schwer ist sich vorzustellen, man könnte eine Reihe von Regeln finden, die das Verhalten des Fahrers replizieren.*[8]

Im selben Jahr organisierte die DARPA* ein Wettrennen für autonome Fahrzeuge mit einem Siegespreis von einer Million Dollar. Die Strecke umfasste 142 Meilen schwierigen Terrains in der Mojave-Wüste, und 15 Fahrzeuge erfüllten

---

* Defense Advanced Research Projects Agency = Agentur für Forschungsprojekte in der fortgeschrittenen Verteidigung. Behörde des Verteidigungsministeriums der Vereinigten Staaten.

die Kriterien zur Teilnahme an dem Rennen, nachdem mehr als 100 Teams ihr Interesse daran bekundet hatten. Keinerlei menschliche Intervention war erlaubt. Der erfolgreichste Teilnehmer kam nur sieben Meilen weit, bevor sein Hinterrad festhing und durchdrehte, bis es rauchte und möglicherweise Feuer fing.

Im Jahr 2005 organisierte die Agentur einen ähnlichen Wettbewerb, wobei der Sieger einen Preis von zwei Millionen Dollar gewinnen sollte. Wie der Bericht der DARPA an den Kongress klar hervorhob, bestand das Ziel des Rennens darin

- die Entwicklung der Technologie der autonomen Landfahrzeuge in den Schlüsselbereichen der Sensoren, der Navigation, der Steueralgorithmen, der Hardware-Systeme und der Systemintegration zu beschleunigen. ...
- ein autonomes Fahrzeug vorzuführen, das in der Lage ist, mit militärisch relevanten Geschwindigkeiten und über militärisch relevante Entfernungen über unebenes Gelände zu fahren. ...
- eine breite Gemeinschaft von Teilnehmern, die bisher noch nicht mit Programmen oder Projekten [des Verteidigungsministeriums] zu tun hatten, anzulocken und dazu zu motivieren, das Problem der autonomen Fahrzeuge durch neue Einsichten zu bereichern.[9]

Von den 195 Teams, die anfragten, legten 136 den geforderten fünf Minuten langen Film vor, der den ersten Meilenstein des Projekts darstellte. Die DARPA besuchte daraufhin 118 Standorte und wählte 40 Teilnehmer für das Halbfinale aus. Nachdem drei zusätzliche Teams hinzugefügt worden waren, lag die Gesamtzahl der Mitglieder sämtlicher Teams bei über 1000, von denen viele ganztägig an diesem Wettbewerb arbeiteten. Die Teilnehmer des Halbfinales fanden sich am California Speedway, der einige der Eigenschaften hatte, denen die Fahrzeuge auf der Rennstrecke begegnen würden, zu einem Qualifizierungsrennen zusammen. Von den 43 Teilnehmern des Halbfinales beendeten mindestens 23 eine der drei Testrunden, und fünf Teams beendeten alle drei Runden. Wie sich später zeigte, waren diese fünf Teams die einzigen, die die Rennstrecke des Finales vollständig zurücklegten, sodass das Qualifizierungsrennen einen sehr hohen Vorhersagewert hatte.

Die Ausgaben der DARPA, einschließlich des Preisgeldes, betrugen weniger als zehn Millionen Dollar, doch der Ertrag aus dem investierten Kapital war außerordentlich: Die USA gelangten schnell an die Spitze der Forschung über autonome Fahrzeuge. Was jedoch noch wichtiger ist: Die weltweite Aufmerksamkeit konzentriert sich jetzt auf genau diejenigen Bereiche, die die DARPA als wichtig ausgemacht hatte: Sensoren, Navigation, Steueralgorithmen, Hardware und Systemintegration. Das folgende Beispiel ist sowohl illustrativ als auch instruktiv.

Ein Team des Rennens von 2004 wurde von David Hall geleitet, dem Gründer von Velodyne, einem in Silicon Valley ansässigen Unternehmen, das Subwoofer für Heimkinos herstellte. 2005 entschied sich das Team gegen eine Teilnahme. Stattdessen verbesserte und kommerzialisierte es sein firmeneigenes Lidarsystem zur Kartografierung von Gelände: GPS ist zwar nützlich für eine ungefähre Positionierung, nicht jedoch, zum Beispiel, für die Erkennung von Fahrbahnen oder Zufahrtswegen. Bei der DARPA Urban Challenge im Jahr 2007 hatten sieben der zwölf Finalisten Lidarsysteme von Velodyne auf ihren Sensorenleisten, einschließlich der beiden besten Teams der Universitäten von Carnegie Mellon und Stanford (die die Reihenfolge ihrer Ankunft im Ziel gegenüber dem Wüstenrennen von zwei Jahren zuvor umkehrten). Das System von Velodyne rotiert bis zu 900 Mal pro Minute und erzeugt mit Hilfe von 64 einzelnen Laserstrahlen mehr als eine Million Abstandsmessewerte pro Sekunde. 2013 kostete das System etwa 75 000 Dollar, was ein beträchtliches Hindernis für eine Kommerzialisierung darstellt, zumal der einfachere Toyota Prius, der für das ursprüngliche selbstfahrende Auto von Google verwendet wurde, etwa nur ein Drittel des Preises dieses einzelnen Sensors kostete. Das Lidarsystem von Velodyne hat sich zwischenzeitlich zu einem Industriestandard entwickelt. Es wird von Google (wo man es als »das Herz des Systems« bezeichnete)[10] und von anderen Forschungsteams verwendet. Gegen Ende des Jahres 2014 führte das Unternehmen ein weniger teures System mit 16 Laserstrahlen ein, das 7999 Dollar kostete. Gegen Ende des Jahres 2015 kündigte Velodyne an, dass im Jahr darauf ein Modell für unter 500 Dollar auf den Markt kommen würde.[11]

Die Entwicklung von selbstfahrenden Autos vollzieht sich entlang zwei ziemlich unterschiedlicher Pfade. Bei Google koordinierte Sebastian Thrun die Bemühungen zur Entwicklung eines selbstfahrenden Autos. Man hatte ihn von der Stanford University angeworben, nachdem sein Team die DARPA Grand Challenge gewonnen hatte. Es überrascht daher nicht, dass Thruns Philosophie in Stanford – »Behandle autonome Navigation als Software-Problem«[12] – bei Google, wo Tools zum Umgang mit riesigen Datensätzen einer Lebenshaltung entsprechen, Widerhall fand. Um die Sache stark vereinfacht auszudrücken: Das selbstfahrende Auto von Google wird als ein Software-Problem behandelt, wobei das Auto so etwas wie ein Zusatzgerät zu den die Zahlen verarbeitenden Computern ist.

Als einige der wichtigsten Zahlen erweisen sich übrigens diejenigen, die weder mit der Straße, noch mit den anderen Fahrzeugen zu tun haben, sondern mit dem Auto selbst, insbesondere mit seiner räumlichen Lage. Da für ein 1,5 Tonnen schweres Automobil, das sich durch den Raum bewegt, die Gesetze der Physik gelten, geben die Messungen von Bewegungen entlang der Quer-, Längs- und Vertikalachse sehr viel Auskunft darüber, wo sich das Fahrzeug befindet und wohin es sich zeitnah bewegen kann. Wenn sich das Auto auf einer vollkommen ebenen Fläche befindet, über einen Sensor deutlich oberhalb des Dachs verfügt und das Terrain 50 Meter vor sich vermisst, wird ein plötzliches Bremsmanöver zum Beispiel seine Vorderseite absenken, wodurch der 50-Meter-Bereich beträchtlich kleiner wird, da sich der Sensor nach vorne neigt. Daher verwendet Googles nachgerüsteter Toyota Lexus eine Reihe von Sensoren, die der Dynamik des Wagens selbst gewidmet sind, in Verbindung mit Radumdrehungszählern, einem Radar- und einem Lidarsystem. (Das von Google selbst entworfene Auto geht jedoch einen anderen Weg.)[13]

Aus einer anderen Richtung kommen die Automobilhersteller – unter anderem Volkswagen, Mercedes, Volvo und BMW – und ihre Lieferanten, einschließlich Rockwell Collins, Bosch und Continental. Da in die von diesen Firmen hergestellten exklusiven Fahrzeuge Jahr für Jahr schrittweise mehr Sensoren, mehr Rechenleistung, und mehr Aktuatoren eingebaut werden, hat die roboterhafte Beschaffenheit dieser Fahrzeuge fast unbemerkt zugenommen, bis zu dem Punkt, an dem die Zeitschrift *Car and Driver* sich zu der Ankündigung verleiten ließ: »Der autonome Wagen: Wir fahren ihn bereits«.[14] Tatsächlich könnte es sich beim Erreichen des Ziels vollautomatischen Fahrens statt um einen riesigen Sprung eher um einen kleinen Schritt handeln: die Sensoren für Antiblockier-Bremssysteme, die Antriebssteuerung, den sicheren Fahrabstand, die

Spurabweichungserkennung, GPS, das automatische Einparken und Rückfahrsysteme können mit zusätzlicher Software weiter integriert und ergänzt, und diese mit Maschinenlerntechniken trainiert werden. Teslas Autopilot-Modus übernimmt diese Vorgehensweise und enthält kein Lidarsystem. Toyota hat 2015 seinerseits ein Tochterunternehmen gegründet, um selbstfahrende Autos und Roboter für die Hilfe im Haushalt, besonders für ältere Menschen, zu erforschen. Bis zum Jahr 2020 werden sich seine geplanten Investitionen in dieses AI-Unternehmen auf insgesamt eine Milliarde Dollar belaufen.[15]

Ein Experiment bezüglich der fahrerlosen Autosteuerung wird in Europa seit 2009 durchgeführt. SARTRE* machte sich in seinem Versuch, der im Jahr 2012 abgeschlossen wurde, viele der soeben erwähnten Technologien zunutze. Ein leitendes Fahrzeug, normalerweise ein schwerer Lastwagen, wird von einem erfahrenen menschlichen Fahrer gesteuert. In den ursprünglichen Versuchen konnten Fahrer von Fahrzeugen, die mit Laser- und Kamerasystemen ausgestattet waren, ihren Wunsch signalisieren, sich dem aus bis zu zehn Fahrzeugen bestehenden, als Platoon bezeichneten »Straßenzug« durch vorherige Buchung anzuschließen. Sie schlossen sich dem Zug dann am vereinbarten Ort zur vereinbarten Zeit an. Befand er sich in der Wagenkette, gab jeder Autofahrer seine Kontrolle an den

* Safe Road Trains for the Environment; das Projekt erforscht das computergesteuerte Fahren in Kolonnen.

Zug ab. Sichere und effiziente Folgeabstände wurden eingehalten, während der Fahrer schlief, las, Textnachrichten schrieb oder seine Kinder unterhielt. Wenn der gewünschte Zielort näher kam, übernahm der Fahrer wieder die Kontrolle und verließ den Zug. Das Platoon-Modell wurde durch WiFi-Verbindungen zwischen den Fahrzeugen verbessert und erfolgreiche Tests werden seit dem Jahr 2016 fortgesetzt. Der durch Fernsteuerung ermöglichte nahe Folgeabstand verbessert den Treibstoffverbrauch um 20 bis 40 Prozent. An den Straßen sind keine Änderungen erforderlich, und die Europäische Union hat bereits eine Radiofrequenz für das System reserviert.[16]

## Komplikationen

Der Weg zu autonomen Fahrzeugen wird komplex und in seinen Konsequenzen überraschend sein. Einige Bereiche, Länder und Bevölkerungsgruppen werden die Technologien schneller annehmen als andere. Obwohl sich nicht alle vorhersehen lassen, sind einige der komplizierenden Faktoren die folgenden:

### 1. Gesetze

Um unbemannte Fahrzeuge auf den Straßen zuzulassen, müssen möglicherweise die den Verkehr regelnden Gesetze geändert werden. Der amerikanische Bundesstaat Nevada hat diesen Schritt zur Legalisierung von selbstfahrenden Autos unter dem Einfluss von Google als erster getan. Da jedoch von verschiedenen Interessengruppen noch mehr Anforderungen und Bedingungen hinzugefügt werden könnten, wird es keine einfache Sache sein, zufriedenstellende gesetzliche Rahmenbedingungen für autonome Fahrzeuge zu schaffen.

Eine Frage von entscheidender Wichtigkeit wird sich vielen Menschen sofort stellen: Wer trägt die Verantwortung, wenn autonome Fahrzeuge in einen Unfall verwickelt sind? Die Antwort ist, wie sich zeigt, kompliziert. Wie von Brad Templeton, einem Erfinder im Silicon Valley, hervorgehoben wurde: Wenn es unter den gegenwärtigen Bedingungen zu einem Autounfall kommt, zahlt der Autobesitzer durch Versicherungsprämien, entweder direkt oder indirekt. Im Falle von Roboterfahrzeugen könnte es sehr wohl so sein, dass man davon ausgeht, dass die Haftung bei finanzstärkeren Unternehmen liegt: bei Herstellerfirmen, Zubehörlieferanten, Softwareunternehmen und ähnlichen. Unfälle sind nicht mehr das Ergebnis eines Augenblicks schlechten Fahrverhaltens (ein persönliches Faktum). Sie werden wie bei einer Produkthaftung als systemisches Versagen behandelt, eine bestimmte Eventualität vorauszusehen (ein Fehler eines Unternehmens). Wenn die Gerichte diesen Unternehmen jedoch umfangreiche Zahlungen auferlegen, könnte dies dazu führen, dass die Hersteller zu dem Schluss gelangen, autonome Autos seien für den generellen Einsatz einfach noch nicht reif genug. Wie Templeton hervorhebt, waren Gerichtsurteile zu Haftbarkeitsfragen dafür verantwortlich, dass mehrere Unternehmen sich aus dem Markt für kleine Flugzeuge zurückgezogen haben: Die Kosten für Versicherungen waren höher als die Kosten des Flugzeugs, weil die Geschworenen in der Mehrheit der Fälle die Schuld dem Flugzeughersteller gegeben hatten, selbst dann, wenn die Piloten im vollen Umfang verantwortlich waren.[17]

Außerdem machte Templeton eine überzeugende Beobachtung über die menschliche Wahrnehmung. Wie Wirtschaftswissenschaftler, die das menschliche Verhalten studieren, einschließlich Daniel Kahnemann (ein Nobelpreisträger)[18] und Bruce Schneier, *der* Fachmann für Informationssicherheit, betonen, sind Menschen kaum dazu in der Lage, ein Risiko rational einzuschätzen. Schneier verwendet das Beispiel der Haie: Wenn Menschen in den Nachrichten etwas über den Angriff eines Haies sehen, gehen viele von ihnen nicht mehr ins Wasser, obwohl das Risiko, von einem Hai gebissen zu werden, wesentlich geringer ist, als von einem Hund gebissen zu werden.[19] Krebs, Herzkrankheiten und Autounfälle verursachen jedes Jahr Hunderttausende von Todesfällen, doch nur wenige Menschen geben mit der gleichen Schnelligkeit wie bei der Reaktion auf Angriffe durch Haie das Rauchen, fettreiche Nahrung oder die Autofahrt zur Arbeit auf. Selbst in dem Fall, dass jährlich 45 000 Amerikaner bei Autounfällen ums

Leben kommen, wie das vor ein paar Jahren der Fall war, könnte die Verringerung der Todesfälle um 95 % die Menschen sogar *noch* misstrauischer machen. Wahrscheinlichkeitstheoretisches Denken unterscheidet sich stark von der Intuition, und weniger aber zufälligere Tode sind beängstigend.

Viele Menschen weigern sich entweder zu fliegen, oder tun dies unter heftigen körperlichen Angstsymptomen, während in Autos die Illusion von Kontrolle dafür sorgt, dass sie sich ein Stück weit wohler fühlen als in einem statistisch gesehen wesentlich sichereren Passagierflugzeug, das von einem Piloten gesteuert wird, der eine intensive Ausbildung hinter sich und strenge Prüfungen bestanden hat. Roboterfahrzeuge könnten dieselben Ängste auslösen und Rufe nach gesetzlichen Vorschriften laut werden lassen sowie zu hohen Zuerkennungen von Schadensersatz durch Jurys führen, oder beides – auch dann, wenn autonome Fahrzeuge zu 99 % sicherer wären als nicht autonome.

## 2. Komplexität der Umwelt

In der Vergangenheit wurden Pläne für selbstfahrende Autos vorgeschlagen, bei denen Straßensysteme mit eingebetteten Leitungen für Sensoren, dedizierten Fahrspuren und anderen Anpassungen einer bereits komplizierten und teuren Infrastruktur ausgerüstet werden mussten. Angesichts der Fähigkeit selbstfahrender Autos sich an das vorhandene – sei es auch detailliert kartografierte – Straßennetz anzupassen, sollten die meisten Straßen schließlich von irgendeiner Form von autonomem Fahrzeug befahrbar sein. Auf Straßen kommt es jedoch zu unvorhergesehenen Ereignissen: Rehe laufen auf die Fahrbahn; Kinder werfen Wasserballons (oder Gefährlicheres) von Brücken herab; Plastiktüten werden vom Wind über die Straße geweht; Skateboards springen plötzlich von der Seite in den laufenden Verkehr, manchmal samt dem Fahrer; und Fahrradkuriere bewegen sich sehr schnell und unvorhersehbar durch den Stadtverkehr. (Fußgänger und Fahrradfahrer jeder Art bleiben schwer einzuschätzen und es ist kompliziert, zuverlässig auf sie zu reagieren.)[20] Wenn die Software eines autonomen Fahrzeugs in jeder unerwarteten Situation die Anweisung »Anhalten« gibt, werden durch menschliche Fahrer verursachte Auffahrunfälle auch weiterhin die Folge sein – wie es im normalen Autoverkehr der Fall ist: Von 2009 bis 2015 handelte es sich bei elf von 14 Zusammenstößen, in denen menschliche Fahrer mit Google-Autos kollidierten, um Auffahrunfälle.[21]

Google stellte bereits sehr früh fest, dass es nicht praktikabel ist, der Verkehrsgesetzgebung beim Autofahren buchstabengetreu zu folgen: Auf eine ausreichend große Lücke im Verkehr zu warten, um sich in sie einzufädeln, führte zu Frustrationen auf der Autobahnauffahrt. Ungeduldige Fahrer überholten auf dem Seitenstreifen. Auf ähnliche Weise werden in Russland die Fahrspurmarkierungen

Selbst in dem Fall, dass jährlich 45 000 Amerikaner bei Autounfällen ums Leben kommen, wie das vor ein paar Jahren der Fall war, könnte die Verringerung der Todesfälle um 95 % die Menschen sogar noch misstrauischer machen.

häufig aufgrund eines sehr hohen Verkehrsaufkommens ignoriert. Und wie steht es mit Los Angeles, Tokyo oder Rom? Wie werden das Lidarsystem und Computeralgorithmen an Bau- oder Unfallstellen mit Warnflaggen schwingenden – oder gelegentlich auch verbale Instruktionen ausgebenden – Arbeitern und Polizisten fertig werden? Kein Algorithmus passt zu sämtlichen Fahrumgebungen: Wie also wird sich das selbstfahrende Auto entscheiden?

Aufgrund der Dichte und Arbeitsintensität der vorkartografierten Point-Cloud, die für die Vorgehensweise von Google erforderlich ist, sind Parkplätze und Parkhäuser für Google-Autos nicht zugänglich. Und wie nehmen Google-Autos Bremslichter und Warnblinklichter wahr? Wie unterscheiden sie zwischen dem Lichtbalken auf einem Lastwagen und demjenigen auf einem Krankenwagen?[22] Ebenso wie in anderen Bereichen der Künstlichen Intelligenz können »schwere« Probleme (wie zum Beispiel Kartenlesen) relativ leicht zu lösen sein, während »einfache« (etwa, wie man den Unterschied zwischen einem Basaltblock und einem Stück Pappe erkennt) sich als wesentlich komplizierter erweisen können, als man zunächst dachte.

Eine beträchtliche Herausforderung kann das Wetter darstellen. Schnee verdeckt Spurmarkierungen, kann trügerische Schatten oder heikles Blendlicht erzeugen und die Bodenhaftung beeinflussen. Regen beeinträchtigt die Sichtverhältnisse, unabhängig davon, wie gut die Sensorenausstattung ist. Straßenüberschwemmungen, verschlammte

Fahrbahnen und über Küstenstraßen gewehter Sand können Sensoren verwirren. Noch so viele Testfahrten und noch so gute Karten einer Umgebung können ein autonomes Fahrzeug nicht auf alle Eventualitäten vorbereiten. Selbst wenn man in der Lage wäre, einen Menschen um Unterstützung zu bitten (zum Beispiel über eine sofortige Videoverbindung), wird die Erkennung und Verarbeitung von Anomalien wahrscheinlich irgendeiner exponentiellen Funktion folgen: Fünf Prozent der Umstände könnten 80 Prozent der Abschaltungen, Zusammenstöße oder sonstigen Ausfälle verursachen.

### 3. Wirtschaftliche Fragen

Wie wir bereits gesehen haben, machten frühere Versionen des Lidarsystems ein autonomes Fahrzeug um 75 000 Dollar teurer, zusätzlich zu den Kosten für Radar, Radsensoren und natürlich für die Computer-Software und -Hardware. Das Moore'sche Gesetz und die Massenproduktion können dabei helfen, die Kosten für die Hardware zu verringern; und in dem Maße, in dem sich die Software im Laufe der Zeit verbessert, können gemeinsam genutzte Bibliotheken für die sicherheitsrelevante Bildverarbeitung und verwandte Codeabschnitte möglicherweise helfen, den Preis für mehrere Benutzer zu senken.

Schwieriger ist es, die finanziellen Unterstützungen für autonome Fahrzeuge vorauszusehen, bzw. den Mangel an solchen. Möglicherweise könnte Google einen Teil der Kosten übernehmen, wenn Fahrer Informationen beitragen, die dabei helfen, Werbung zielgerichteter zu schalten. Angesichts der Tatsache, dass Googles wirkmächtigste Präsenz im Bereich der Suchanfragen auf dem Desktop angesiedelt war, würde es für ein Unternehmen, das den Kern seiner Einnahmen dadurch erzielt, dass es werbenden Firmen Betrachter ihrer Anzeigen verkauft, geschäftlich Sinn machen, einen Teil der neu entstandenen Aufmerksamkeit in autonomen Autos zu gewinnen, wo die Menschen in den USA so viele Stunden ihres Lebens verbringen.

Wenn sich die autonome Technologie bewährt hat, werden Versicherungsunternehmen die Kosten für von Menschen gesteuertes Fahren möglicherweise immer teurer machen. Es könnte sein, dass statistisch gesehen risikobehaftete Fahrer, wie Teenager und ältere Menschen, in bestimmten Situationen Roboterautos fahren müssen, um eine Versicherung zu erhalten. Andererseits wäre es auch möglich, dass Staaten und städtische Behörden solchen Fahrern, die autonome Fahrzeuge kaufen, Steuervergünstigungen gewähren, und zwar aufgrund der Überlegung, dass solche Fahrzeuge, da sie mit geringeren Abständen fahren, die Kosten für die Infrastruktur senken könnten, und da sie weniger Unfälle haben, zusätzlich die Kosten für Polizei und Notfallhilfe. Abgesehen davon stellt der Bundesbezirk Washington D. C., um nur ein Beispiel anzuführen, jährlich Strafzettel im Gesamtwert von 80 Millionen Dollar aus.[23] Wie würden diese und andere Lücken im

Staatshaushalt geschlossen, die durch intelligente Fahrzeuge zustande kommen würden?

Darüberhinaus gibt es verschiedene Sonderinteressen und Wählerschichten zu berücksichtigen. Die amerikanische Vereinigung der Ruheständler (AARP*), die schon jetzt sehr mächtig ist und die mit dem Älterwerden der Baby-Boom-Generation noch einflussreicher werden wird, könnte autonome Fahrzeuge als eine Gelegenheit begrüßen, die Bewegungsfreiheit älterer Menschen zu erhalten und dabei zugleich ihre Sicherheit zu verbessern. Andererseits sind Personen, die in ihrer Freizeit gerne Auto fahren, lautstarke Gegner der Einschränkungen ihrer »Freiheit« als Fahrer; und obwohl ihr Einfluss nicht so groß ist wie derjenige der AARP, könnten sie autonome Automobile als eine eben solche Einschränkung ansehen. Es ist sehr gut möglich, dass Versicherungsunternehmen die Technologie akzeptieren; in dem Maße, in dem die Zahl der autonomen Fahrzeuge zunimmt, könnte Autofahren so ungefährlich werden, dass Versicherungen wesentlich günstiger würden, da Schadensforderungen und -regulierungen im Laufe der Zeit deutlich zurückgehen würden. Es ist nicht wahrscheinlich, dass Erdölfirmen eine Technologie unterstützen werden, die zu einem geringeren Kraftstoffverbrauch führt, und die ihn durch die Integration von elektrischen Antrieben noch weiter senkt. Autofirmen, die strenge Auf-

* American Association of Retired People

lagen bezüglich des maximalen Kraftstoffverbrauchs erfüllen müssen, könnten sie jedoch so schnell wie möglich übernehmen, unter der Voraussetzung, dass der Schutz gegen Produkthaftungsansprüche sichergestellt ist.

### 4. Öffentliche Meinung

Die öffentliche Meinung lässt sich bekanntlich nur schwer voraussagen. Es ist unklar, wie solide die Märkte für autonome Fahrzeuge längerfristig sein werden. Ob in einem bestimmten Land die Angst, die Gier oder der Neuigkeitseffekt den Sieg davontragen, spielt eine große Rolle dabei, welches Los autonomen Fahrzeugen dort beschieden sein wird. Ein Teil der vorherrschenden Meinung bezüglich der Fahrzeuge wird sich aus der Sprache, den Bildern, den Symbolen und den zugrunde liegenden Metaphern ableiten, die in die öffentliche Diskussion eingebettet sind. Die Bezeichnungen »Roboterautos«, »autonome Fahrzeuge« und »selbstfahrende Wagen« mögen sich alle auf dasselbe Gefährt beziehen: Die Ausdrücke und Konnotationen, die in den weiteren Sprachgebrauch einwandern, werden jedoch sehr viel damit zu tun haben, ob es akzeptiert wird.

## Die Auswirkungen autonomer Fahrzeuge

Es ist verlockend, sich die Zukunft der fahrerlosen Autos genau so vorzustellen, wie die Gegenwart. Fahrerlose Autos könnten jedoch eine Vielzahl unbeabsichtigte Folgen haben, von denen einige ziemlich beängstigend sind (Flucht nach einem Raubüberfall) und andere sehr tiefgreifend. Hier sind einige von ihnen:

1. Mithilfe fahrerloser Autos könnten Beförderungsmittel als Service, statt als Vermögenswert, große Fortschritte machen. Man stelle sich vor, was passieren würde, wenn Automobile praktisch zu Landdrohnen würden, die ihren Weg für die Zweckmäßigkeit der Benutzer (man denke an ein Modell, das Zipcar* ähnlich ist), für den Treibstoffverbrauch (Fahrgemeinschaften) oder für die Reisegeschwindigkeit außerhalb der Hauptverkehrszeiten optimieren. Durch die Integration eines Tools wie Waze, das den Straßenzustand in Echtzeit berichtet, verbunden mit gebrauchsfertiger Optimierungssoftware (derselben Art von Programm, das UPS-Fahrern hilft, das Linksabbiegen zu vermeiden)[24] und steuerlichen und anderen Vergünstigungen, wie zum Beispiel Staugebühren, könnten der Verkehrsfluss zu den Stoßzeiten, die Versicherungskosten sowie der Treibstoffverbrauch drastisch verändert werden. Google investiert sowohl in autonome Fahrzeuge, als auch in den Car-Sharing-Service

* Anm. d. Übers.: Zipcar ist ein amerikanisches Unternehmen, das Fahrgemeinschaften organisiert.

Uber. Viele Dinge könnten passieren, wenn die beiden Geschäftsmodelle konvergierten.

2. Fahrerlose Autos könnten einen bedeutenden Beitrag zur Sicherheit auf Autobahnen leisten – und damit auch zur öffentlichen Gesundheit –, auch wenn man nur von einem geringfügigen Rückgang der Autounfälle ausgeht, deren Anzahl gegenwärtig allein in den USA jährlich fünf Millionen beträgt. Fahrerlose Autos fahren nicht alkoholisiert, sie senden während der Fahrt keine Textnachrichten, schlafen nicht ein und kommen dadurch nicht von der Fahrbahn ab, und zur Zeit leiden sie noch nicht unter Wutanfällen.
3. Fahrerlose Autos könnten sich beträchtlich darauf auswirken, wieviel Geld wir für Automobile ausgeben, und wie wir es ausgeben. Denken wir daran, was Autos kosten, wenn sie nicht gefahren werden. Ein Parkplatz in einem Großstadtbereich kann in einem Monat mehrere Tausend Dollar kosten. Autokredite, Versicherungen und die Autowartung sind riesige Geschäftszweige.[25]

In jedem dieser Fälle könnten autonome Autos die Gewohnheiten von Menschen, geschäftliche Profite, Steuereinnahmen und Ausgaben der Regierung, die Zuordnung öffentlicher Flächen und andere Aspekte der Zivilgesellschaft verändern.

Vergegenwärtigen wir uns nun, wie viele Unternehmen, Aktivitäten, Berufe und Lebensgrundlagen – und eine wie umfangreiche Infrastruktur – sich um das Auto drehen:

- Originale Herstellerfirmen von Autos: Nissan, Ford, Fiat und andere
- Fast-Food-Restaurants
- Straßenbau
- Fahrschulen
- Parkplatzwächter, Reinigungspersonal und ähnliche
- Taxifahrer
- Gebührenpflichtige Straßen
- Tankstellen und 24-Stunden-Geschäfte
- Einkaufszentren (die meisten verfügen mindestens über eine Anbindung an große Verkehrsadern)
- Globale Autolieferanten wie Michelin, Bosch, Denso oder Delphi
- Autohändler
- Autowaschanlagen
- Autowerkstätten
- Konzessionsbetriebe für schnelle Ölwechsel
- Autoteilehändler
- Sachbearbeiter für Autoschäden, Gutachter, Spezialisten für Schadensersatzforderungen und Versicherer
- Verkehrspolizei
- Förderung, Veredelung und Vertrieb von Brennstoff

- Maisanbau für die Äthanolproduktion
- Bankangestellte, die Autokredite vergeben und bearbeiten

Stellen wir uns nun die Frage nach dem Geld: Wer wird gewinnen und wer verlieren?

## Gewinner

Kartografierungsunternehmen und Sensorhersteller werden die unerlässliche Infrastruktur für autonome Fahrzeuge liefern. Zusätzlich zu Google unternehmen auch Firmen wie Bosch, Velodyne und Continental Anstrengungen auf diesem Markt. 2015 haben Audi, BMW und Daimler gemeinsam die Kartografierungsabteilung von Nokia aufgekauft.

Wenn sich Parkplätze um einen größeren Prozentsatz reduzieren ließen, könnte die Städteplanung dem Transport von Personen auf neue Weise Rechnung tragen. Institutionen wie Krankenhäuser und Universitäten, die viel Geld für Parkmöglichkeiten ausgeben, könnten für größere Grundstücke neue Verwendungen finden. Eine Untersuchung am MIT hat sogar herausgefunden, dass in einigen Städten bis zu einem Drittel des Geländes als Parkfläche dient.[26] Selbstfahrende Autos könnten auch einen wichtigen Beitrag zu den Bemühungen vieler Städte leisten, den

Autoverkehr aus dem Stadtkern zu verbannen: Brüssel, Dublin, Helsinki, Madrid, Mailand und Oslo sind alle auf dem Weg zu diesem Ziel.

Die Geschäfte von Vermittlern zwischen Passagieren und den Anbietern von Beförderungsmitteln könnten florieren. Wenn sich Autos für all die Stunden, die sie nicht benutzt werden, nicht mehr im Privatbesitz einzelner Personen befänden, könnten auf Einzelfahrten basierende Modelle wie Uber oder Lyft mit Time-Sharing-Modellen der Art konkurrieren, die für Besitzanteile von privaten Geschäftsflugzeugen verwendet werden. Am unteren Ende dieses Marktes könnten Zipcar oder Hertz weiterhin nützliche Anbieter sein.

Wenn nicht mehr riesige Menschenmengen in Privatwagen zur selben Zeit zur Arbeit führen, könnten Pendler mehr Zeit zu Hause verbringen oder während der Fahrt zum Arbeitsplatz produktiver sein. Selbst wenn die Zeiten und die Dauer der Fahrten zum Arbeitsplatz in etwa die gleichen blieben, könnte gefahren zu werden den Blutdruck senken und die Produktivität erhöhen. Unfälle mit Fußgängern sollten weniger häufig vorkommen.

Den Zentren zur Krankheitsbekämpfung zufolge, sind allein im Jahre 2013 in den USA 34 000 Menschen bei Verkehrsunfällen ums Leben gekommen;[27] der »Autoverkehr« war 2010 für vier Millionen Fahrten zu Notaufnahmestationen verantwortlich.[28] Jede messbare Verringerung dieser Zahlen würde für die Gesellschaft zweifellos von Nutzen sein.

Autonome Fahrzeuge fahren besser als Menschen, insbesondere bei stockendem Verkehr, in dem die Kommunikation zwischen den einzelnen Fahrzeugen oder »Cloud-Automobilen« dazu beitragen könnte, die Fahrweise mit abwechselnd geringerem und größerem Abstand zum nächsten Fahrzeug, die für ungeduldige und uninformierte menschliche Fahrer so typisch ist, auf verstopften Straßen zu reduzieren. Ein verbesserter Verkehrsfluss durch die Koordination mit anderen Fahrzeugen könnte die Reisezeit verkürzen, den Brennstoffbedarf verringern und den Gesamtenergieverbrauch reduzieren. Ähnlich wie beim Cloud Computing senkt die Zusammenfassung einzelner Vermögenswerte zur koordinierten Verwendung die Kosten und reduziert den Nettomehraufwand, während sie gleichzeitig die Nutzung dieser Vermögenswerte drastisch erhöht.

Andererseits müsste, angesichts der hohen Kosten für das Versagen autonomer Systeme, ihre Inspektion und Zertifizierung strenger sein, der Inspektion und Zertifizierung von Privatflugzeugen ähnlicher. Systeme, die sich als defekt erwiesen haben, müssten in stärkerem Maße aus dem Verkehr gezogen werden, und wenn der Staat autonome Fahrzeuge nicht selbst inspiziert, müsste er die Inspektionsstationen zertifizieren.

Ebenso wie die Länder ohne eine Telefoninfrastruktur aus Kupferdrähten Mobilfunksysteme schneller übernahmen als die USA, werden Länder, die eine Infrastruktur für fahrerlose Autos bauen, ohne sie an traditionelle Straßen anpassen zu müssen, im Vorteil sein.[29]

## Verlierer

Bei der intensivierten Nutzung von Vermögenswerten – von Autos, die jeden Tag 22 Stunden ungenutzt waren – würden Autohersteller weniger Fahrzeuge verkaufen, möglicherweise von unterschiedlichem Typ (das Londoner Taxi könnte sich zum Beispiel größerer Beliebtheit erfreuen). Ein mögliches Geschäftsmodell könnte darin bestehen, Beförderungsmittel als Service zu verkaufen: einen Kleinbus, um Kinder in die Ferien zu fahren, einen kleinen Lastwagen, um im Frühling Gartenbedarfsartikel abzuholen, einen Sportwagen für den Wochenendausflug und einen Geländewagen für den Skiurlaub. Statt ein Auto zu besitzen, würde der Kunde für die Nutzung des richtigen Autos für die richtige Gelegenheit bezahlen, möglicherweise durch ein Abonnement. Man hat 2015 geschätzt, dass ein gemeinsam benutztes Fahrzeug 15 private ersetzt.[30]

In gleicher Weise wären Parkplätze weniger notwendig. Hoteldiener, die früher Autos parkten, würden mehr zum Pomp als für ihre ursprüngliche Aufgabe weiterbeschäftigt. Autohändler und Autokreditgeber würden sich möglicherweise mehr auf Geschäfte mit anderen Firmen spezialisieren müssen, insofern Fahrzeugflotten, oder zumindest

Pools, gegenüber dem persönlichen Besitz eher die Norm sein könnten. Schon jetzt kaufen in den USA junge Leute zwischen 20 und 30 weniger Autos als ihre Vorgänger: In nur acht Jahren (von 2001 bis 2009) ging die Anzahl der Meilen, die Autofahrer in den USA zwischen 16 und 34 zurückgelegt haben, um 23 Prozent zurück.[31]

Schon jetzt werden wesentlich weniger Einkaufszentren gebaut. Nach einer langen Wachstumsphase von 1956 bis 2005, während der 1500 solcher Zentren gebaut wurden, ist der Bau neuer Einkaufszentren in den USA zum Stillstand gekommen. Robin Lewis, der Autor des Buches *The New Rules of Retail**, sagt voraus, dass die Hälfte der noch vorhandenen Zentren bis zum Jahre 2025 schließen werden, und zwar durch den Druck der Einkäufe über das Internet.[32] Angesichts der zentralen Bedeutung der Autokultur des 20. Jahrhunderts für die Einkaufszentren, Großmärkte und andere Verkaufsstätten, würden autonome Fahrzeuge einen wichtigen Teil der Kräfte ausmachen, die die Wirtschaft und ihre Geografie in den USA und anderswo umgestalten würden.

Obwohl Werkstätten für Autoreparaturen und -wartungen mehr zu tun hätten, da die fahrerlosen Wagen weniger Zeit ungenutzt sind, könnte es sein, dass Unternehmen, die Beförderungsmittel als Service anbieten, ähnlich wie Taxiunternehmen, ihre eigenen Reparaturwerkstätten un-

* *Die neuen Regeln des Verkaufs*

terhalten. Außerdem würden, da fahrerlose Autos aller Wahrscheinlichkeit nach in weniger Unfälle verwickelt wären, Karosseriewerkstätten weniger zu tun haben. Angesichts der zurückgehenden Anzahl der Unfälle und Autoschäden würden Autoversicherer einem deutlich spürbaren Druck zur Verringerung ihrer Prämien ausgesetzt werden.

Stadtverwaltungen würden einen sichtbaren Rückgang der Einkünfte aus Bußgeldern für zu schnelles Fahren, aufgrund von Verstößen gegen die Parkgesetze (und der Parkgebühren) sowie aus Lizenzen für Fahrer und Fahrzeuge erleben. Mit weniger Autofahrern, weniger Autos im Privatbesitz, weniger Verstößen gegen Verkehrs- und Parkregeln, weniger Parkstunden von Autos, könnten die Einkünfte, Polizeidienste und Planungsfunktionen von städtischen Behörden in 15 Jahren radikal anders aussehen.

Die Zeit, die Pendler im Auto verbringen, ist besonders für Radiowerbungen eine Hauptsendezeit. Wenn immer mehr Menschen, während sie zum Arbeitsplatz fahren, ihre Zeit damit verbringen, Texte zu schreiben oder Videos anzuschauen, könnte das Radio aufhören, das primäre fahrerfreundliche Unterhaltungsmedium zu sein. Fahrerlose Autos würden den Trend weg vom traditionellen Radio, der durch das Satellitenradio und den Einbruch digitaler Streamingdienste in das Terrain der AM/FM Radiosender vorangetrieben wird, wahrscheinlich noch verstärken.[33]

Es ist erwähnenswert, dass Google in einem seiner ersten Videos über Benutzer von selbstfahrenden Autos (der Benutzer, Steve Mahan, ist juristisch gesehen blind) ein Drive-In-Restaurant auftauchen lässt.[34] Laut einer Firmensprecherin, die 2009 im *Boston Globe* zitiert wurde, machen Drive-In-Kunden zwischen 50 und 60 Prozent des Umsatzes von McDonald's aus.[35] Viele Verkaufsmodelle, die sich auf das Auto stützen, werden sich anpassen müssen.

Die Berufsgruppen der Fahrer von Taxis und Limousinen würden aller Voraussicht nach längerfristig unter Druck geraten: Nach einer Schätzung würden die durchschnittlichen Kosten für eine Fahrt in einem selbstfahrenden Auto in New York 80 Cent betragen, im Unterschied zu einer Taxifahrt für acht Dollar. Fahrer von Sattelschleppern, die den Weg durch verkehrsreiche Häfen, Anlagen für kombinierten Verkehr und Ladedocks steuern müssen, werden möglicherweise eine ähnliche Arbeit haben wie die Kapitäne von Fährschiffen, die nur für den Anfang und das Ende ihrer Reise verantwortlich sind.

Daher lässt sich die Frage »Erhöhen oder verringern fahrerlose Autos – Roboter eines bestimmten Typs – die Arbeitslosigkeit?« angesichts des hohen Grades, mit dem das mit einem internen Verbrennungsmotor ausgestattete, von Menschen gelenkte Fahrzeug mit der globalen Wirtschaft verwoben ist, unmöglich mit Gewissheit beantworten. Offensichtlich könnten ganze Wirtschaftssektoren neu entstehen, während eine große Anzahl gegenwärtiger

Berufe (zum Beispiel der des Taxifahrers) verschwinden könnte. Außerdem ist klar, dass die Macht von Amtsinhabern den Prozess zu beeinflussen – mehrere Bundesstaaten erlassen zurzeit Gesetze gegen das Vertriebsmodell von Tesla – den Übergang ebenfalls mitgestalten wird.[36]

Eine letzte Gruppe von Verlierern würde man vielleicht nicht erwarten: Da Autounfälle die Hauptquelle für Organ- und Gewebespenden sind,[37] könnten autonome Fahrzeuge, indem sie die Zahl der Verkehrstoten reduzieren, diejenigen, die Transplantationen benötigen, dazu zwingen, ihre Erwartungen an die neue Situation anzupassen. (Einige Beobachter sagen allerdings voraus, dass das 3-D-Drucken von Organen und Geweben zu einer realisierbaren Alternative werden könnte, während die traditionellen Quellen versiegen.)

## Lastwagen

Im Jahr 2006 schrieb Alan Blinder, ein Wirtschaftswissenschaftler an der Universität Princeton, einen einflussreichen Artikel über »die nächste industrielle Revolution«. Diese komme dadurch zustande, dass Serviceleistungen, die über die Fertigung von Waren hinausgehen, in anderen Ländern erledigt werden können. Seine Beispiele tendierten in Richtung Programmierung und die Aufgaben professioneller Mustererkennung: Aktienkapitalanalyse, Rechnungswesen, juristische Recherche und die Auswertung von Röntgenbildern. Im Unterschied zu der Auswirkung der Verlagerung von Fabriken ins Ausland auf die Arbeiterschaft, wirkt sich die Auslagerung von Dienstleistungen ins Ausland auf Einzelpersonen auf verschiedenen Einkommensebenen aus. Blinder hob diesen Punkt hervor, indem er darauf hinwies, dass die Berufe des Krankenpflegehelfers und des Lastwagenfahrers höchstwahrscheinlich nicht in andere Länder ausgelagert werden.[38]

Die Transportfirmen in den USA beklagen einen Mangel an Lastwagenfahrern. Obwohl weniger gut ausgebildete Arbeiter wesentlich geringere Chancen haben als vor 50 Jahren (als nur 10 Prozent aller Arbeitnehmer einen Hochschulabschluss hatten), ist es nach wie vor schwer, Lastwagenfahrer zu finden. Die Isolation, Trennungszeiten von der Familie, die körperlichen Beschwerden, die das viele Sitzen verursacht, und die oft wenig gesunde Ernährung, die der Beruf mit sich bringt, führen dazu, dass sich viele potenzielle Bewerber abwenden. Zusätzlich führt die strengere Durchsetzung von Sicherheits- und Fahrzeitbestimmungen dazu, dass es mehr Ladungen als Fahrer gibt. Das Durchschnittsalter eines Lastwagenfahrers für Fernstrecken steigt weiter an (2013 lag es bei 55), und die Zahl der freien Stellen nimmt zu: 2013 gab es in den USA 25 000 offene Stellen für Fernfahrer.[39]

An dieser Stelle treten fahrerlose Fahrzeuge auf den Plan. Obwohl die unmittelbaren militärischen Vorteile von

Lastwagen ohne menschliche Fahrer angesichts der Todesfälle und schweren Verletzungen durch selbstgebaute Sprengkörper im Irak und in Afghanistan offensichtlich sind, scheinen die zivilen Vorteile von längerfristigerer Natur zu sein. Die Löhne von Lastwagenfahrern sind, verglichen mit den Benzinkosten und dem Kapitaleinsatz, immer noch relativ niedrig. Es kann gut sein, dass wir autonome robotergesteuerte Lastwagen erst in ein oder zwei Jahrzehnten sehen werden. Tatsächlich geht Mercedes-Benz davon aus, dass sein 2015 auf der Autobahn getesteter selbstfahrender Sattelschlepper, vorausgesetzt gesetzliche und andere Genehmigungen werden erteilt, 2025 ausgeliefert werden kann.[40] Statt einen »vollständig« autonomen Lastwagen realisieren zu wollen, gibt es jedoch – es sei noch einmal betont – einen Zwischenbereich, in dem sich die Fähigkeiten computergesteuerter Roboter und des Menschen fruchtbar ergänzen.

## Fragen, auf die eingegangen werden muss

### Wer trägt die Verantwortung?

Das Konzept der Autonomie von Fahrzeugen muss sorgfältig durchdacht werden. Sei es im Dienst eines militärischen Kommandeurs oder einer Privatperson, die Erledigungen für den Haushalt macht: robotergesteuerte Fahrzeuge leisten stets den Anweisungen von irgendjemandem Folge. Die

Autonomie ist relativ: Es ist nicht diejenige eines Teenagers, der die Schlüssel für ein Auto bekommt. Das selbstfahrende Auto von Google kann nicht entscheiden, ob es zum Eiscremeladen, zum Kino oder zum Einkaufszentrum fahren soll. Wenn ihnen ein Ziel angegeben wurde, können diese Fahrzeuge offensichtlich die Strecke optimieren, die Fahrtzeit abschätzen, bei dichtem Verkehr eine andere Route wählen und zahlreiche andere nützliche Dinge tun.

Es gibt daher eine Frage, die sich direkt auf die Beziehung zwischen den Benutzern und den autonomen Fahrzeugen, die sie benutzen oder besitzen, auswirkt: Wer ist dafür verantwortlich, wenn ein Fahrzeug Schaden oder Behinderungen verursacht? Diese Frage stellt sich besonders in Fällen, in denen niemand die offensichtliche Kontrolle darüber hat. Ein Studie der RAND Corporation* bestätigte die Bedeutung, die der Rolle von Haftungsfragen zukommt, wenn es darum geht zu erklären, warum die Übernahme dieser Technologien sich verlangsamt.[41]

## Wo ist das Geld?

Wie werden die Geschäftsmodelle für autonome Passagierfahrzeuge aussehen? Beim Beispiel von Taxis oder Uber-Fahrzeugen zahlen die Benutzer für den Service, an ihr Ziel gebracht zu werden, und es ist einfach, sich Erweiterungen

* Anm. d. Übers.: Die RAND Corporation (»Research and development«, Forschung und Entwicklung) ist eine nach dem Zweiten Weltkrieg gegründete amerikanische Expertenkommission.

dieser Geschäftsmodelle vorzustellen, wenn auch keine Fahrer bezahlt werden müssen. Google verfügt seinerseits bereits über ein mehrere Milliarden umfassendes Navigationsgeschäft. Werden die Passagiere in Google-Autos bereit sein, Werbung anzuschauen statt eine Fahrgebühr zu zahlen? Welche Unternehmen werden aggressiver oder optimal positioniert sein, um Content-Vermittler für die vom Autofahren befreite Zeit zu werden?

Es ist leicht, sich die Herstellung von autonomen Passagierfahrzeugen als Fortsetzung der traditionellen Autoproduktion vorzustellen. Tatsächlich experimentieren zahlreiche Autofirmen mit der zusätzlichen Weiterentwicklung und Integration von bereits vorhandenen Robotertechnologien (Fahrerwarnsysteme, Antiblockiersysteme und automatisiertes Einparken). Doch was geschieht, wenn die Aufmerksamkeit der Passagiere das relevante Wirtschaftsgut wird? Comcast kaufte NBC Universal, um Inhalte zu besitzen, die es über die Leitungen seines Unternehmens verbreiten konnte. Wäre es zum Beispiel möglich, dass Sony in ein selbstfahrendes Auto Unterhaltungselektronik integriert? Wie verhält es sich mit Samsung und Microsoft? Apple hat Pläne, traditionelle Autos als Peripheriegeräte in iPhones etc. zu integrieren. Letztlich könnte das Geschäftsmodell des autonomen Passagierfahrzeugs dem des Fernsehens, von Smartphones oder Tablets näher sein.

**Was geschieht, wenn etwas schief geht?**
Autonome Fahrzeuge werden durch Software gesteuert und Software ist niemals frei von Fehlern. Was passiert, wenn Wetterbedingungen oder Straßenzustände (Nebel, Regen, Überflutungen oder Schlaglöcher), Straßenbauarbeiten oder chaotisches Fahrverhalten das Leitsystem dieser Fahrzeuge verwirren? Wie viel Benutzereingaben werden verfügbar sein, sei es, um in einer Notsituation die Kontrolle zu übernehmen, einen Neustart der Systeme vorzunehmen oder sogar um das Fahrzeug zu schieben? Wer wird autonome Fahrzeuge, die Benzin benötigen, in den 48 Bundesstaaten, in denen es keine Tankwarte gibt, volltanken?

**Wie gelangen wir von hier nach dort?**
Pfadabhängigkeit ist eine bestimmende Kraft: frühe Design-Entscheidungen werden künftige Innovationen beeinflussen. Wird die Vorgehensweise von Google (Bewegungs-Hardware an eine große Datenverarbeitungsplattform anzuschließen) den Weg weisen, oder werden traditionelle Hersteller nach und nach neue Sensoren und mehr Verarbeitungsleistungen integrieren, um im Ausgang vom gegenwärtigen Zustand das Ziel zu erreichen? Wer werden die Versuchskaninchen unter den staatlichen Lizenz- und Ordnungsbehörden, den Versicherungen, Passagieren und Händlern sein?

### Wie werden sich die etablierten Organisationen gegen Neuerungen wehren?

Uber musste sich in einer Stadt nach der anderen gegen Taxi- und Limousinendienste durchsetzen. Airbnb wurde vom Bundesstaat New York verklagt. Die Interessengruppe der Schallplattenindustrie verklagte Firmen, die Musik-Downloads verkaufen. General Motors hat Straßenbahnlinien gekauft und anschließend stillgelegt, um Massenverkehrsmittel zu verhindern. Ölfirmen haben versucht, sich gegen die finanzielle Unterstützung alternativer Kraftstoffe stark zu machen. In der kommenden Auseinandersetzung werden sich die Kapitalinteressen, da enorm viel Geld auf dem Spiel steht und es um seit langem bestehende Geschäftspraktiken geht, nicht kampflos ergeben.

### Welche Rolle wird die Geografie spielen?

Es lässt sich nur schwer erkennen, ob irgendein Land einen natürlichen Vorteil hat, wenn es um die schnelle Übernahme selbstfahrender Autos geht. Je herausfordernder die Verkehrsumgebung ist, desto schwerer wird sicherlich die Aufgabe der Programmierung zu lösen sein. Doch sofern eine halbwegs angemessene Infrastruktur, ein gutes Mobilfunknetz, der nötige Wohlstand für Investitionen und eine ausreichende Rechtsstaatlichkeit gegeben sind, könnten viele Länder helfen, diese Technologie auf den Weg zu bringen. Nationale Vorreiter – Firmen mit einem hohen Grad an nationalem Prestige und der Unterstützung ihrer Regierungen, wie zum Beispiel Citroën, Michelin, Continental, Bosch oder Fiat – könnten in ihren jeweiligen Ländern weitreichende Entwicklungsprogramme anführen.

**Was wird es kosten?**

Trotz der attraktiven Verkürzung der Fahrzeit zum Arbeitsplatz und der Einsparungen im Treibstoffverbrauch, und unabhängig von der beträchtlichen Zunahme der Fahrersicherheit: Was wird eine Fahrt zum Arbeitsplatz, zum Flughafen oder zu einem abendlichen Stadtbesuch kosten? Gegenwärtig gibt es für die entscheidend wichtigen Sensoren noch keine größere Wirtschaftlichkeit durch Serienproduktion, die Rechenplattform ist noch im Versuchsstadium und Investitionen in den neuen Betriebsmodus haben (wie im Fall der Sensoren) noch zu keinen Einsparungen in der traditionellen Plattform geführt (zum Beispiel in Form leichterer Stoßstangen). Tatsächlich sind die Kosten für seine robotergesteuerten Systeme noch weit größer als die für das autonome Basisfahrzeug selbst, wahrscheinlich um einen Faktor von zwei. Wie lange wird es noch dauern, bis ein Erstkäufer es in Betracht ziehen kann, ein selbstfahrendes Auto auf der Grundlage eines wettbewerbsfähigen Preises zu kaufen? Um diese Rentabilitätsschwelle zu überschreiten, werden auf der Geschäftsebene selbstverständlich noch beträchtliche Investitionen erforderlich sein: Es ist unwahrscheinlich, dass ein autonomes Auto ohne ein inklusives Servicepaket (das heißt:

ohne Subventionierung) einem herkömmlichen PKW der Einstiegsklasse direkt Konkurrenz machen könnte.

## Schlussbetrachtung

Die größte Frage bezüglich autonomer Fahrzeuge betrifft unsere Fähigkeit, über die gegenwärtigen Grenzen, Kosten und Gewohnheiten hinauszudenken. Wer wird die Freiheit haben, die persönliche Mobilität aus einer neuen Perspektive vollkommen neu zu durchdenken? Um einen Computer-Begriff der 1990er Jahre zu verwenden: Die Plattform der autonomen Fahrzeuge ist auf der Suche nach ihrer »Killer-App«, ihrer bahnbrechenden Methode zur Formulierung und Thematisierung des Verlangens nach einer alternativen Form der Mobilität. Die Grenzen der Technologie werden viel schneller überschritten als vorhandene Annahmen und Klischees abgeworfen werden: Wann wird das Gegenteil der Fall sein?[42]

# 6

# KRIEGSFÜHRUNG

Die Rolle der Robotertechnik in modernen bewaffneten Konflikten unterliegt einem rasanten Wandel, und zwar mit den denkbar größten Konsequenzen für die Kriegsführung: Wie Kriege geführt werden, wo Kampfhandlungen stattfinden und welchen Risiken die Kombattanten auf beiden Seiten ausgesetzt sind – all dies wird neu definiert. Auch moralische Fragen der Kriegsführung, die niemals leicht zu beantworten sind, werden komplizierter.

## Motivation

Nach ihrem breit gefassten Auftrag strebt die DARPA, die Forschungs- und Entwicklungsabteilung des amerikanischen Verteidigungsministeriums, danach »grundlegende Investitionen in bahnbrechende Technologien für die nationale Sicherheit zu tätigen«.[1] Die Vision der DARPA-Abteilung für Taktische Technologie, wo die roboterwissenschaftliche Forschung hauptsächlich zentriert ist, ist es »schnell neue Prototypen militärischer Ressourcen zu entwickeln, die eine einseitige technische Überlegenheit schaffen und den Streitkräften der USA eine entscheidende Übermacht und die Fähigkeit verleihen, unsere Gegner zu überwältigen«.[2] Ronald Arkin, ein Roboterwissenschaftler an der Technischen Universität von Georgia, behauptet, dass die Vision der Abteilung für Taktische Technologie der DARPA vier zusammenhängende Ziele verfolgt:

- *Machtmultiplikation* – wodurch für eine bestimmte Mission weniger Soldaten benötigt werden und ein einzelner Soldat nun einen Auftrag erfüllen kann, der früher nur von vielen Soldaten durchgeführt werden konnte.
- *Vergrößerung des Kampfgebietes* – wodurch der Kampf über größere Bereiche geführt werden kann, als dies früher möglich war.
- *Erweiterung der Reichweite des einzelnen Kämpfers* – wodurch es einem einzelnen Soldaten möglich wird, tiefer in den umkämpften Bereich hineinzuwirken; zum Beispiel weiter sehen oder weiter entfernte Ziele treffen zu können.
- *Verringerung der Anzahl verlorener Menschenleben* – Soldaten von den gefährlichsten und lebensbedrohlichsten Missionen fernzuhalten.[3]

Mehrere der Konzepte, die mit der Realisierung dieser Ziele zu tun haben, verdienen es, eingehender betrachtet zu werden. Erstens charakterisiert »einseitige technische Überlegenheit« die Kriege der USA im 21. Jahrhundert. Zwei unterschiedlich ausgerüstete und motivierte Seiten, die jeweils die Vorteile ihrer überlegenen Waffen nutzen wollen, stehen sich kämpfend gegenüber: die Vereinigten Staaten setzen eine massive technische Überlegenheit ein, während sich die Aufständischen ihre größere ideologische Attraktivität bei der einheimischen Bevölkerung zunutze machen. Dass die Ideologie der Aufständischen zum Beispiel Selbstmordattentäter sanktioniert, oder menschliche Schutzschilde in Form von Schulkindern oder Krankenhäusern, macht einige der technischen Vorteile der USA irrelevant. Gleichzeitig macht es insbesondere die Tatsache, dass es in den Streitkräften der USA an Arabisch sprechendem Personal und generell an kultureller Sensibilität und kulturellem Verständnis fehlt, höchst kompliziert, die »Herzen und Sinne« der betroffenen Bevölkerungen zu gewinnen. Im Gegensatz zum Luftkrieg gegen Deutschland oder zum Seekrieg gegen Japan im Zweiten Weltkrieg, in denen beide Seiten in ihrer Bewaffnung und Doktrin wesentlich gleichwertiger waren, motiviert die gegenwärtige asymmetrische Kriegsführung nicht nur die Suche nach besseren Rüstungsgütern – wie es etwa Düsenjets im Zweiten Weltkrieg waren –, sondern nach völlig neuen Kampfarten.

Hierher rührt das Konzept der »Vergrößerung des Kampfgebietes«. Das theoretische Konstrukt des »Three-Block-War« wurde in den 1990er Jahren eingeführt, um die Möglichkeit zu beschreiben, dass eine Armee oder eine Infanterieeinheit in einem Bereich einen bewaffneten Konflikt führt, in der Nähe friedenserhaltende Maßnahmen durchführt und in einem dritten »Block« einer hypothetischen Stadt humanitäre Hilfe leistet. Neben der Tatsache, dass dieses theoretische Konstrukt nicht als tatsächliche Strategie dienen kann und die wesentlichen Aufgaben der Staatenbildung, die im Irak übernommen wurden, nicht umfasst, macht die Komplexität des modernen Krieges die Anwendung klassischer Militärdoktrinen ebenfalls problematisch. Wenn der Kampfplatz nicht mehr durch »Seiten« definiert ist, die ein Territorium »erobern«, kann sich die Rolle bewaffneter Truppen, besonders von Bodentruppen, fast vollständig verändern.

Was schließlich die »Machtmultiplikation« betrifft, so ist die Zusammensetzung einer modernen Armee oder Marine höchst verschieden von dem, wie sie vor zwei Generationen aussah. Der öffentliche Widerstand gegen Blutvergießen hat die Politik der Militärhaushalte und -einsätze verändert. Die Aufgaben des Militärs (Rechtsstaatlichkeit einführen vs. Minen räumen), seine Vorgehensweisen (frontale Kriegsführung vs. Aufstandsbekämpfung), seine Motivation (Schutz von Handelsschiffrouten vs. »Krieg gegen den Terrorismus«) und seine Kampftruppen (Wehrpflichtige vs. Freiwillige, einschließlich Frauen und Personen unterschiedlicher sexueller Orientierungen) sind im Jahr 2016 alle verschieden von dem, was 1976 der Fall war.

Auf diese Weise unterstützen zahlreiche Faktoren die Entwicklung der Robotertechnologie für die Kriegsführung. Ferner bedeutet der beträchtliche Einfluss, den Milliarden in die Verteidigung investierter Dollars auf den Zustand von Robotertechnik und -wissenschaft haben, dass viele nichtmilitärische Entwicklungen ihre Existenz wahrscheinlich einer der Forderungen der Kriegsführung zu verdanken haben. Aus diesem Grund – und einer Reihe anderer – ist es für ein angemessenes Verständnis der Roboterwissenschaft im Allgemeinen unerlässlich, auf Roboter im militärischen Bereich detaillierter einzugehen.

## Arten und Formen der Roboter im Militärbereich

Die militärischen Anwendungsbereiche der Robotertechnik sind breit und nehmen jedes Jahr weiter zu. Das Folgende ist nicht als Katalog des robotergestützten Waffenarsenals gedacht, sondern stattdessen als Einführung in grundlegende Arten und Formen von Robotern im Bereich des Militärs.

## Roboter in der Luft

Bis heute werden unbemannte Fluggeräte (oder UAVs) hauptsächlich für Aufklärungszwecke verwendet, obwohl sogenannte Predators und die viel schwerer bewaffneten Reapers auch dazu eingesetzt wurden, Kriegsgerät an seinen Einsatzort zu bringen. UAVs können wenige Pfund oder erheblich mehr wiegen: Man vergleiche etwa den von Hand gestarteten Raven, der etwa einen Meter lang ist, mit dem Global Hawk, der 14 Meter lang ist (etwa so groß wie ein Geschäftsflugzeug) und etwa 13,5 Tonnen wiegt. Ein ständiges Dilemma ist die Bestückung mit Instrumenten: Ein unbemanntes Fluggerät leicht und damit zu einem gewissen Grad auch leichter einsetzbar zu machen, lässt sich erreichen, indem man es mit weniger Sensoren ausstattet. Andererseits ist es schwerer, Flugzeuge für einen besonderen Zweck in einem Zustand der Einsatzbereitschaft zu halten; insbesondere dann, wenn sie Jahre vor ihrer jetzigen Verwendung gekauft wurden, die zudem möglicherweise neue Sensoren erfordert. Daher wirkte sich eine »schleichende Zunahme der Anforderungen« auf viele UAVs nachteilig aus, und sie wurden schwerer, als geplant war; und zwar zu Lasten der Leistung, der Flugzeit und der erwarteten Kosten.

Laut eines Berichts des Congressional Budget Office aus dem Jahr 2016 besaß das Militär der USA zum damaligen Zeitpunkt 10 767 bemannte und etwa 7500 unbemannte

Flugzeuge. Die große Mehrzahl (5300) dieser UAVs sind Ravens der Bodentruppen der USA: 4 Pfund schwere Aufklärungsflugzeuge, die gestartet werden, indem man sie wie ein Spielzeugsegelflugzeug von Hand in die Luft wirft. Derselbe Bericht hebt hervor, dass für bemannte Flugzeuge – obwohl sich die geplanten Gesamtausgaben für unbemannte Flugsysteme (wozu auch Bodenkontrollstationen und Datenverbindungen gehören, die für den Betrieb der UAVs benötigt werden) auf mehr als 26 Milliarden Dollar beliefen – dennoch 92 Prozent des Pentagonbudgets zur Flugzeugbeschaffung ausgegeben wurde.[4] 2009 hätte man für den Preis eines bemannten F-22 Kampfflugzeugs 85 Predator-Drohnen kaufen können, bei denen die Trainings- und Betriebskosten zudem deutlich niedriger gewesen wären.[5]

Die UAVs, die am meisten eingesetzt worden sind, sind in Tabelle 6.1 aufgeführt.

Das Leistungsvermögen von Drohnen im Vergleich zu bemannten Flugzeugen und Satelliten lässt sich folgendermaßen zusammenfassen:

1. Drohnen können über Landstrichen, die zu einem gegebenen Zeitpunkt von Interesse sind, für 24 bis 48 Stunden verweilen, in Höhen, die oberhalb der Grenze der Luftabwehr des Feindes liegen, ohne dass menschliche Piloten in Gefahr gebracht wer-

**Tabelle 6.1** Technische Daten der bis 2012 am häufigsten eingesetzten UAVs

| Name | Funktion | Länge | Spannweite | Flugzeit | Maximale Flughöhe |
|---|---|---|---|---|---|
| Global Hawk | Beobachtung | 14,5 Meter | 39,9 Meter | 28 Stunden | 18,3 km |
| Predator | Angriff; Beobachtung | 8,2 Meter | 14,94–16,76 Meter | 24+ Stunden | 7,6 km |
| Fire Scout (unbemannter Hubschrauber) | Zielbestimmung; Beobachtung; Feuerunterstützung; Aufklärung; Wahrnehmung der Situation | 7,3 Meter | 8,40 Meter Rotordurchmesser | Max. 8 Stunden; 5 Stunden mit voller Ladung | 6 km |
| Raven (von Hand gestartet) | Wahrnehmung der Situation | 0,914 Meter | 1,37 Meter | 60–90 Minuten | Nicht verfügbar |

*Quelle:* Zusammenfassung des Forschungsdienstes des Kongresses, »U.S. Unmanned Aerial Systems«, 3. Januar 2012, http://www.fas.org/sgp/crs/natsec/R42136.pdf.

den. Sie liefern hochauflösende Bilder in Echtzeit, während Satelliten nur eine kurze Zeit über solche Bereiche fliegen können. Außerdem liefern sie die Bilddaten und sonstigen Informationen nicht in ausreichend hoher Auflösung und nicht in Echtzeit, und ihr Einsatz hat eine lange Vorlaufzeit. Die Fähigkeit der Drohnen, für eine längere Zeit in der Luft zu bleiben, bringt zahlreiche Vorteile mit sich. Große geografische Bereiche können überblickt werden, kleinere Bereiche im Detail untersucht und Ziele von Interesse beobachtet werden. Eine Herausforderung für die Zukunft besteht hierbei – wie bei anderen Formen der Videoüberwachung – darin, die Verarbeitung der Bilddaten zu automatisieren, die in zehntausenden von Stunden aufgezeichnet wurden.

2. Im Gegensatz zu bemannten Kampfflugzeugen können Drohnen auf Landebahnen, die sich weit von ihren Zielen befinden, gestartet werden und dorthin zurückkehren. Wie es P. W. Singer in seinem Buch *Wired for War* formuliert hat: Ein »Global Hawk kann in San Francisco losfliegen, einen Tag lang nach beliebigen Terroristen im gesamten Bundesstaat Maine fahnden, und dann an die Westküste zurückfliegen«.[6] Piloten werden aus dem Luftraum des Feindes ferngehalten. Hierdurch werden die damit verbundenen strategischen und diplomatischen Risiken vermieden.
3. Drohnen sorgen dafür, dass menschliche Piloten in Sicherheit bleiben, und sie verfügen über viele der gleichen Luft-zu-Boden-Fähigkeiten, über die bemannte Flugzeuge verfügen. Da sie einfacher gebaut sind, verbringen sie außerdem einen größeren Teil ihrer Zeit in der Luft oder in Flugbereitschaft. Laut eines Artikels in der *Washington Post* aus dem Jahr 2009 benötigte zum Beispiel das Kampfflugzeug F-22 für eine Flugstunde 30 Wartungsstunden,[7] während die Predator-Drohne bei einem

Einsatz in der Grenzkontrolle für eine Flugstunde lediglich eine Wartungsstunde benötigte. (Zahlen für die Kampfbereitschaft waren nicht verfügbar.)[8] Tatsächlich boten Investitionen in Drohnen, sowohl was die Anschaffungs- als auch was die Betriebskosten betraf, einen wesentlich höheren Gegenwert. In Zeiten rückläufiger Verteidigungshaushalte sind bemannte Kampfflugzeuge, die Überlegenheit bei kurvenreichen Kampfmanövern beanspruchen können, ein teures Unterfangen, besonders angesichts der Tatsache, dass es in den letzten 40 Jahren nur selten Luftkämpfe gegeben hat.

4. Piloten für Drohnen auszubilden ist viel weniger zeit- und kostenintensiv, während die Ausbildung von Flugzeugpiloten sehr kompliziert und teuer ist und sehr lange dauert. Drohnen können, ohne zu ermüden, anspruchslose Aufgaben ausführen, wie etwa in einem routinemäßigen Flugmuster ein großes Gebiet abdecken (ähnlich wie ein Bauer ein Feld pflügt). Menschliche Piloten würden diese Aufgabe langweilig finden und wahrscheinlich weniger genau ausführen. Da unbelebte Objekte größeren Beschleunigungskräften widerstehen können als menschliche Piloten, sollten Drohnen bemannte Flugzeuge irgendwann einmal flugtechnisch ausmanövrieren können. Außerdem können Drohnen sich gefährlichen Bedingungen aussetzen

(Strahlung, vulkanischer Aktivität und feindlichem Feuer), ohne das Leben oder die Gesundheit menschlicher Piloten in Gefahr zu bringen. In manchen Situationen würde es eine voll gerechtfertigte Entscheidung sein, eine Drohne zu opfern, um den Feind dazu zu bewegen, die Ortungssysteme seiner Luftabwehrraketen einzuschalten, um auf diese Weise seine Position ausfindig zu machen.

5. Das geringere Gewicht von Drohnen und ihre kleineren Motoren machen es leichter, sie zum Einsatz zu bringen, und schwerer sie ausfindig zu machen. Außerdem macht es sie weniger teuer. Kleinere Motoren bedeuten weniger Geräusche, weniger Umweltverschmutzung, weniger Treibstoffverbrauch und kostengünstigere, weniger komplizierte Bauteile. Im Cockpit eines Flugzeuges keinen Piloten unterbringen zu müssen, vereinfacht das Design, verringert das Gewicht und maximiert den Nutzen aller seiner verfügbaren Ressourcen (inkl. Treibstoff), wenn Beobachtungsdaten gesendet oder Sprengköpfe abgeworfen werden.

## Roboter auf dem und im Meer

Für unbemannte Schiffe ist das Meer gegenwärtig eine Umgebung, die größere Herausforderungen mit sich bringt als die Luft oder das Land für unbemannte Flugzeuge bzw. Fahrzeuge, weshalb es hierüber weniger Neues zu berichten gibt. Salzwasser ist hochgradig korrodierend; Wind, Gezeiten und Meeresströmungen erschweren die Automatisierung der Navigation. Nebel und Regen sind ein belastender Faktor für Roboter in allen Umgebungen. Für empfindliche elektronische Geräte können Wellen eine besonders ungünstige Umgebung darstellen, und sichere Funkverbindungen zu Stationen auf dem Land und besonders zu U-Booten unter Wasser sind nur begrenzt möglich.[9] Dennoch sind die potenziellen Einsatzmöglichkeiten unbemannter Schiffe für routinemäßige Aufgaben, wie die Beobachtung oder Kartografierung des Meeresbodens oder für gefährliche Arbeiten wie die Suche und Detonation von Minen, vielversprechend genug, sodass mehrere diesbezügliche Initiativen unternommen werden. Es gibt heutzutage weniger computergesteuerte Geräte in der Marine als in den anderen Bereichen der Streitkräfte, und zwar aus einer Reihe von Gründen, von denen einige technisch, einige historisch und andere organisatorisch sind.

Unbemannte Unterwasserfahrzeuge (die man auch als »autonome Unterwasserfahrzeuge« bezeichnet) müssen eigenständig operieren (aufgrund der begrenzten Reichweite von Funksignalen), über eine Energiequelle verfügen, die für den unbemannten Betrieb mit möglichst geringem Geräusch geeignet ist, und vor der Kaperung – und möglicherweise Weiterverwendung – durch den Feind geschützt sein. Daher sind mit Waffen ausgerüstete Schiffe ein längerfristiges Ziel, während die Überwachung und Minenräumung schon kurzfristig realisierbar sein sollten. Remus ist beispielsweise ein umgebauter Torpedo einer norwegischen Firma, und es gibt Berichte über unbemannte Mini-U-Boote, die von konventionellen U-Booten aus gestartet werden. Der Seaglider, der von derselben Firma hergestellt wird, die Remus baut, wird nicht von einem Elektromotor angetrieben, sondern durch kleine Unterschiede im hydrostatischen Auftrieb. Damit ist es ihm möglich, jeweils über mehrere Monate Daten zu sammeln. Seine aufgezeichneten Informationen sendet er von der Meeresoberfläche aus an Satelliten.[10] Wie in anderen Fällen ist die Grenze zwischen wissenschaftlicher Datensammlung und militärischen Anwendungen gelegentlich verschwommen, doch bisher wurden viele unbemannte Unterwasserfahrzeuge zur Durchführung von Forschungsaufgaben eingesetzt.

Ein neues unbemanntes Unterwasserfahrzeug befindet sich zur Zeit mitten in der Meereserprobung. Der Proteus wiegt 3,1 Tonnen und ist 7,6 Meter lang. Er kann entweder autonom oder bemannt eingesetzt werden. Die Beladung ist unterschiedlich, aber Mitglieder von Spezialeinheiten, kleine Bomben und andere Fracht können aufgenommen werden. Der Proteus hat, bei einer Höchstgeschwindigkeit von 10 Knoten (11,5 Meilen/h) mit einer einzigen Batterieladung einen theoretischen Einsatzradius von 900 Meilen, und er kann bis in etwa 30 Meter Tiefe abtauchen.[11]

Ein unbemanntes Boot, der Spartan Scout, ist 11 Meter lang und kann Geschwindigkeiten von bis zu 50 Meilen/h erreichen. Es ist mit einer großen Vielzahl verschiedener Sensoren ausgerüstet, wodurch es für Aufklärungsaufgaben wesentlich geeigneter als für die Minensuche ist, die von Remus ausgeführt wird, obwohl es auch über ein Maschinengewehr vom Kaliber .50 verfügt sowie über Lautsprecher und Mikrofone zur Befragung verdächtiger Schiffe aus der Ferne. Der Spartan Scout wurde während des Irak-Krieges 2003 im Persischen Golf eingesetzt.[12] Die israelische Armee behauptet, das erste unbemannte Boot, den Protector, eingesetzt zu haben. Es handelt sich um ein starres aufblasbares Boot von 9 Meter Länge zur Beobachtung und Aufklärung. (Es gibt jetzt auch eine 11 Meter lange Version.)

## Roboter auf dem Land

Robotergesteuerte Landsysteme haben in den letzten 15 Jahren große Fortschritte gemacht, wobei verschiedene »Arten« aufgetaucht sind. Eine Art der Unterscheidung zwischen den Varianten unbemannter Bodenfahrzeuge besteht darin, sich die Weise ihrer Fortbewegung anzusehen: Unbemannte Bodenfahrzeuge mit Rädern oder Ketten machen gemeinsam eine Klasse aus, solche, die Beine verwenden, eine andere.

## Fortbewegung mit Rädern

Das größte Roboterfahrzeug der Welt ist ein 700 Tonnen schwerer Kipplastwagen, der zur Zeit nicht in einem bewaffneten Konflikt, sondern im Bergbau verwendet wird. Der wesentlich kleinere Oshkosh TerraMax ist – im Vergleich zu außerhalb des Bergbaus verwendeten Fahrzeugen – tatsächlich ziemlich groß und wird vom Militär für Lieferungen und zur Aufklärung verwendet. Sein Gewicht und andere technische Daten sind nicht verfügbar, doch seine sogenannte »Drive-by-Wire«-Technologie*, die bereits für zahlreiche Systeme verwendet wird (das Gaspedal, die Bremsen, etc.), lässt sich leicht an einen ferngesteuerten oder sogar autonomen Betrieb anpassen.

Der Sand Flea von Boston Dynamics, das andere Extrem, was die Größe unbemannter Bodenfahrzeuge betrifft, wiegt 5 kg und verfügt über einen Gaskolben, mit dem es sich neun Meter in die Luft und auf ein Dach schießen kann. Gyroskopische Stabilisatoren sorgen dafür, dass das Gerät während des Fluges seine Ausrichtung beibehält, damit es nützliche Videoaufnahmen machen kann. Obwohl aktuelle Versionen mit Augen und Ohren ausgestattet sind, ist es nicht schwer, sich eine »intelligente Granate« auf einer ähnlichen Plattform vorzustellen.

* Hierunter versteht man eine Steuerung ohne mechanische Übertragung der Kraft von den Bedien- zu den Stellelementen.

### Fortbewegung mit Ketten

Unbemannte Bodenfahrzeuge, die sich mithilfe von Ketten fortbewegen, stehen in den Kriegen des Mittleren Ostens seit 2001 im Vordergrund. Die meisten werden von zwei Firmen in Boston hergestellt, bei denen es sich um Unternehmen handelt, die am MIT ihren Anfang genommen haben. Eine Firma, iRobot, stellt den PackBot (vgl. Abb. 6.1) her, ein etwa elf Kilogramm schweres, ferngesteuertes Kettenfahrzeug, das dazu verwendet wurde, Tausende von selbstgebauten Sprengkörpern zu finden und zu entschärfen. Späteren Generationen des PackBots und ähnlicher Fahrzeuge, die auf einem Aufklärungsgefährt basierten, wurden mechanische Arme und Greifer hinzugefügt, mit denen kleine Objekte bewegt und Explosionskörper entschärft oder sicher detoniert werden können. Anderen Modellen wurde eine Vielzahl von Sensor-, Kamera- und Softwarekonfigurationen hinzugefügt, die Gewehrkugeln lokalisieren (um Heckenschützen leichter finden zu können), gefährliche Materialien, Giftgase und Strahlung sowie Gesichter erkennen können. Bis zum Jahr 2013 wurden 2000 solcher Roboter im Irak und in Afghanistan eingesetzt.[14]

Das zweite Unternehmen, das ein Ableger des MIT und deutlich älter als iRobot ist, Foster-Miller, stellt ebenfalls unbemannte Kettenfahrzeuge für Kampfeinsätze her, nunmehr unter dem Namen »QinetiQ«, dem Namen der Firma,

**Abbildung 6.1** iRobot PackBot. Foto mit Genehmigung von iRobot.

von der es aufgekauft wurde. Der TALON ist mit etwa 57 kg (je nach seiner Konfiguration) größer als der PackBot (und ist in mehr Konfigurationen als dieser erhältlich). Insbesondere die SWORDS*-Version des TALON ist mit einer Auswahl von Waffen ausgerüstet (vgl. Abb. 6.2), obwohl sie nur begrenzt eingesetzt worden ist.[15] Zu den verfügbaren Waffenoptionen gehören ein Gewehr, eine Schrotflinte, ein Maschinengewehr und ein Granatwerfer.

Obwohl man annimmt, dass SWORDS das erste bewaffnete unbemannte Bodenfahrzeug ist, das in Kampfhandlungen zum Einsatz kam, werden Kampfroboter auf Ketten üblicherweise in Situationen eingesetzt, in denen es darum geht, in Gebäude zu fahren, von denen man annimmt, dass sich darin eine Sprengfalle befindet, in Höhlen einzudringen oder um Ecken zu fahren, bevor sich Soldaten diesem Risiko aussetzen. Manchmal haben diese Roboter eine Granate oder eine ähnliche Ladung in Feindesgebiet transportiert und Leben gerettet, indem sie sich selbst opferten.

Weitere auf Ketten fahrende Variationen befinden sich in Entwicklung. Der iRobot FirstLook wiegt nur 2,27 kg und wurde dazu entwickelt, durch Fenster geworfen oder auf andere Weise eingesetzt zu werden, um den Radius der Augen und Ohren eines Soldaten zu erweitern; der Roboter Scout von ReconRobotics, der etwa ein halbes Kilo wiegt

---

* *Special Weapons Observation Reconnaissance Detection System* (ein Erkennungssystem zur Beobachtung und Aufklärung, das mit Waffen bestückt ist)

**Abbildung 6.2** QinetiQ SWORDS (ein mit Waffen aufgerüsteter TALON-Roboter). Foto: US-Armee.

und dessen Schwermetallräder Glas brechen können, kann problemlos 30 Meter weit geworfen werden. Der Scout richtet sich direkt nach der Landung selbstständig auf und überträgt, wie der FirstLook, Bilddaten über ein kabelloses Netzwerk. Im Februar 2012 bestellte die US-Armee 1100 dieser »throwbots«[16]. Wie andere Aufklärungsroboter wird der Scout, nachdem er sich in Kampfsituationen bewährt hat, auch immer häufiger von der Polizei, der Feuerwehr, für die Ausrüstung taktischer Spezialeinheiten und andere Anwendungsbereiche der innerstaatlichen öffentlichen Sicherheit genutzt.

## Fortbewegung auf Beinen

Obwohl es sich hierbei um eine neuentstehende Klasse von Bodenrobotern handelt, könnte unbemannten Bodenfahrzeugen auf Beinen schon bald die Zukunft der Kampfroboter gehören. Die DARPA, die Expertenkommission des Verteidigungsministeriums der USA, hat auf deren Entwicklung gedrängt, zum Teil durch ihre Unterstützung des Unternehmens Boston Dynamics, das ebenfalls aus dem MIT hervorgegangen ist. Die Werbevideos der Firma sind beeindruckend. Boston Dynamics' Roboter Cheetah hat auf einem Laufband eine Geschwindigkeit von mehr als 46 km/h erreicht. Sein Roboter LS3, bei dem es sich im Wesentlichen um einen »Packesel« handelt, hat eine beachtliche Fähigkeit zur Überquerung unebenen Terrains bewiesen, wobei er allerdings so laut ist wie ein Rasenmäher.

2015 brachte Boston Dynamics eine neue Version eines menschenähnlichen Roboters (Atlas II) auf den Markt: Er war dazu bestimmt, an einem Wettbewerb der DARPA teilzunehmen, in dem es darum ging, einen Roboter zu bauen, der helfen kann, mit einer Reaktorkatastrophe wie in Fukushima fertig zu werden. Die konkurrierenden Roboter mussten durch Trümmer klettern, Hitze, Strahlung und anderen widrigen Bedingungen widerstehen sowie die Ventile, Hebel und ähnlichen Steuerungselemente, die für einen Atomreaktor charakteristisch sind, bedienen können. Da sie sich in einer für Menschen entworfenen Umgebung bewegen mussten, mussten sie auch verschiedene Arten von Türen öffnen, Werkzeuge verwenden und komplexe Aufgaben durchführen können.[17] Für einige Teams, die an dem DARPA-Wettbewerb teilnahmen, dienten der Roboter Atlas und seine Vorläufer (siehe Abb. 6.3) als gemeinsame Plattform, auf der sie aufbauten, wenn es ihnen an den Ressourcen fehlte, ihre eigene Hardware zu bauen.

Andere Roboter, die biologische Strukturen nachahmen, befinden sich ebenfalls in Entwicklung: Kriechende Roboter mit Beinen sind dazu bestimmt, die neuen Anforderungen von größerer Flexibilität und Mobilität in Kampfsituationen zu erfüllen. So kann zum Beispiel der 13,6 kg schwere Roboter RHex (vgl. Abb. 6.4), der sich auf sechs gelenklosen »Beinen« bewegt, bei denen es sich im Wesentli-

**Abbildung 6.3** Ursprüngliche Version des Roboters Atlas, der in Wettbewerben der DARPA verwendet wurde. Foto: Boston Dynamics.

**Abbildung 6.4** Überwachungsroboter RHex. Foto: Boston Dynamics.

chen um starre Bögen aus dem Material von Reifen handelt, äußerst unwegsames Gelände überqueren. RHex kann sich sogar durch Gräben und Tunnel bewegen, in denen Aufständische begannen selbstgebaute Sprengkörper zu verstecken, sobald sie festgestellt hatten, dass sie für Roboter auf Ketten nicht erreichbar waren.[18]

## Autonomie

Bisher werden die großen Drohnen, die die meiste Aufmerksamkeit der Öffentlichkeit bekommen, von Menschen über Videoverbindungen gesteuert. Kleinere, autonome Drohnen wie der Raven können GPS-Wegpunkte anfliegen und eigenständig landen, doch sie sind lediglich mit Sensoren ausgestattet. Die US-Marine hat ein halbautonomes, unbemanntes Flugzeug (den X-47B) entwickelt, das erfolgreich auf einem Flugzeugträger gelandet ist, was eines der schwierigsten Manöver in der Luftfahrt darstellt. Außer über selbstständige Start- und Landemanöver wird jedoch auch bereits über autonome Zielfindung und das autonome Abfeuern von Waffen diskutiert. Das auf Schiffen installierte Raketenabwehrsystem Phalanx ist im Prinzip ein Roboter, der sich in der Nähe befindende, ankommende Raketen erkennt und ein Gatling-Gewehr mit 4500 Schuss pro Minute darauf abfeuert. Menschliches Personal hat mit seiner Funktion nur indirekt zu tun, da die Bedrohung, auf die das System reagiert, so unmittelbar ist. (Aufgrund ihrer charakteristischen Form werden Phalanxes in der US-Marine als »R2D2s« bezeichnet und in der britischen Marine als »Daleks«.) Es gibt allerdings große Bedenken, wenn es darum geht, autonome Roboter auf Menschen schießen zu lassen, sei es von einer Drohne in der Luft aus oder von einer Plattform auf dem Boden.

Drei grundlegende Beziehungen zwischen den menschlichen Bedienern und robotergesteuerten tödlichen Waffensystemen lassen sich unterscheiden. In Konfigurationen, bei denen Menschen beteiligt sind, sieht ein Mensch die von einem unbemannten Fluggerät oder einem anderen Gerät gelieferten Informationen, und wenn die Feuerbedingungen erfüllt werden, gibt er den direkten Befehl die zur Verfügung stehende Waffe abzufeuern. Eine Stufe hiervon entfernt sind Waffen, bei denen Menschen involviert sind und bei denen der menschliche Bediener die Entscheidung des Roboters außer Kraft setzen kann, nachdem die Informationen automatisch verarbeitet und das Ziel autonom identifiziert wurde. In Zukunft könnten Architekturen, bei denen Menschen nicht involviert sind, es einer robotergesteuerten Waffe erlauben, ein Ziel zu erkennen, auszuwählen und darauf zu schießen, ohne dass ein Mensch interveniert.

Eine vollkommen autonome Waffe hat viele Vorteile. In konfliktgeladenen Grenzgebieten oder anderen Situationen könnten solche Waffen das Risiko minimieren, dass Menschen getötet oder durch einen Angriff aus dem Hinterhalt überwältigt werden. An der Grenze zwischen Nord- und Südkorea werden schon jetzt halbautonome tödliche Roboter eingesetzt, die von einer Abteilung bei Samsung gebaut wurden. Roboter schlafen nicht ein, sie klagen nicht über harte Bedingungen und sie laufen nicht zum Feind über.

Ronald Arkin, ein Roboterwissenschaftler an der technischen Universität von Georgia, hilft bei der Entwicklung von autonomen Robotern für die US-Armee, die US-Marine und andere Körperschaften. Er behauptet, Roboter könnten bessere Soldaten als Menschen sein, und zwar aus sechs Gründen, die ich im Folgenden zusammenfassen werde:

1. Weil Roboter nicht »töten oder getötet werden« müssen, kann ihre Logik konservativer sein als diejenige, die menschlichen Soldaten im Trainingslager oder durch die Erfahrung im Feld beigebracht wird. Das heißt, dass ein Roboterkämpfer dazu programmiert werden kann, sich auf eine Weise selbst zu opfern, die für einen menschlichen Soldaten moralisch und einsatzmäßig nicht zumutbar ist.
2. Eines Tages werden die verschiedenen Sensoren von Robotern besser (widerstandsfähiger, leistungsfähiger, zahlreicher und mit Sensornetzwerken besser integriert) sein als die Sinnesorgane eines geängstigten, häufig verwirrten Menschen.

3. Roboter haben keine Gefühle, sodass Rache, Angst und Hysterie aus der Zielfindung herausgehalten werden können, was bei menschlichen Soldaten nicht geschehen kann.
4. Die Verhaltenspsychologie liefert beeindruckende Beispiele dafür, dass die menschliche Wahrnehmung nicht objektiv ist: Wir sehen, was wir sehen wollen oder zu sehen befürchten, selbst wenn es nicht da ist. Roboter sind von diesen Wahrnehmungsverzerrungen frei.
5. Die Sensorintegration durch eine größere Verarbeitungsleistung, bessere Algorithmen und eine geringere Wahrscheinlichkeit, mit Informationen überflutet zu werden, geben dem Roboterkämpfer einen Vorteil im Vergleich zum Menschen.
6. Roboter können unparteiisch sein. Wenn sie im Rahmen eines aus Menschen und Robotern bestehenden Teams als Beobachter und Protokollanten von Aktivitäten eingesetzt werden, können die robotergestützten Elemente als Sicherung gegen menschliche ethische Übertretungen und andere Verstöße gegen die Disziplin fungieren.[19]

Man muss Arkin zugutehalten, dass er auch offen auf das mögliche moralische Versagen bei der Kriegsführung mit Robotern eingeht. Die Erforschung technischer, politischer, operationaler und die Menschenrechte betreffender

Fragen steckt erst in den Anfängen. Besorgte Organisationen, wie zum Beispiel Human Rights Watch[20] und die Vereinten Nationen,[21] haben überzeugende Einwände erhoben.[22]

- Wer wird die Gefahr bewerten, die die Kriegsführung mit Robotern für zivile Bevölkerungen darstellt, wenn das Urteil von Menschen immer durch schlechte oder fehlende Informationen, Täuschung oder falsch dargestellte Hintergründe beeinträchtigt wird?
- Wie werden die Grenzen von Maschinen, die auf Regeln künstlicher Intelligenz basieren, erkannt und respektiert? In vielen arabischen Ländern werden Gewehre manchmal bei Feiern wie Hochzeiten in die Luft abgefeuert. Es lässt sich unschwer vorstellen, dass ein autonomes Flugzeug zum Beispiel Schüsse eines AK-47-Gewehres registriert und zurückschießt. Obwohl dieses Beispiel hypothetisch ist, gilt dies für ein anderes nicht: Im Jahr 2008 wurde berichtet, dass durch einen Luftangriff der USA in Afghanistan die 47 Gäste einer Hochzeitsgesellschaft (einschließlich 39 Frauen und Kinder), die die Braut zum Haus ihres Bräutigams begleiteten, getötet wurden. Eine afghanische Untersuchung behauptete, dass keiner der Toten mit al-Qaida oder

den Taliban zu tun hatte.[23] Ergebnisse einer Untersuchung der USA wurden nie veröffentlicht.

- Wird es ein Roboter erkennen und entsprechend darauf reagieren, wenn die Gegenseite signalisiert, dass sie sich ergibt? Und werden besiegte Kämpfer sich Maschinen ergeben, was in einigen Kulturen als Feigheit angesehen würde?
- Wer trägt die Verantwortung, wenn es bei einer Tötung durch einen Roboter zu einem Fehler kommt? Der Hersteller des Roboters? Der bzw. die Programmierer des Computers, der den Roboter steuert? Der Pilot oder der Bediener, der die Bilddaten des Roboters analysiert oder den Roboter überwacht, bei dem es sich um einen Auftragnehmer und nicht um einen Kombattanten handeln könnte?[24] Der befehlshabende Offizier? Der Oberbefehlshaber?
- Was würde geschehen, wenn es zu leicht wird, einen Krieg zu beginnen, weil die Wahrscheinlichkeit menschlicher Opfer geringer geworden ist?
- Was wird geschehen, wenn eine Kriegserklärung oder die Führung eines Krieges Entscheidungen involviert, die in Mikrosekunden getroffen werden müssen, ähnlich wie im Hochfrequenz-Aktienhandel an der Wall Street? Wenn Algorithmen gegen Algorithmen kämpfen, könnte der Vorteil für denjenigen, der als erster zuschlägt, beträchtlich sein.

- Wenn Krieg führende Nationen Kämpfer der Feindesseite töten können, ohne ihre eigenen in Gefahr zu bringen: Werden solche Kriege dann als ungerecht angesehen werden?[25]
- Werden die technischen Probleme bei der Gesichtserkennung, tödlichen und nicht tödlichen Waffen (wie Gummigeschosse und Schallwaffen), potenziellen Funkinterferenzen sowie falschen positiven und negativen statistischen Ergebnissen jemals zufriedenstellend gelöst werden?
- Was geschieht, wenn ein Roboter einen menschlichen Befehl verweigert oder außer Kraft setzt oder wenn Frontkämpfer zögern vorherzusagen, was ein Computer entscheiden wird? 1988 schoss ein automatisches Lenkraketensystem namens »Aegis«, das auf der USS *Vincennes* (einem Kreuzer, der vor der Küste des Iran lag) installiert war, ein Linienflugzeug mit 290 Passagieren ab – obwohl eine menschliche Entscheidung involviert war. Angesichts begrenzter Informationen und der internationalen Spannungen in dem Gebiet ist es keineswegs unsinnig zu vermuten, dass der Bediener des Systems Angst hatte, er könne die Abwehr eines feindlichen Angriffs versäumen, wenn er es dem System nicht erlaubt hätte zu feuern.
- Was wird geschehen, wenn das Außerkraftsetzen von Befehlen aus politischen, psychosozialen oder anderen unvorhersehbaren Gründen vorgenommen

oder verweigert wird. Was geschieht in einem *Dr.-Strangelove*-Szenario?[26]

- Wie werden die Besiegten darauf reagieren, wenn sie einer Übermacht von Robotern erliegen?
- Was wird geschehen, wenn (nicht für den Fall, dass) Kampfroboter unterwandert werden? Die Videodaten der Predator-Drohnen der US-Armee waren eine Zeit lang nur leicht verschlüsselt und konnten daher vom Feind einfach eingesehen werden. Man hat bereits versteckte Software, die in Mikroprozessoren[27] eingebettet werden kann, entdeckt, sodass man Grund zu der Überzeugung hat, dass Roboter zum Nachteil des eigenen Landes gehackt werden könnten, entweder nachdem sie erbeutet wurden oder durch Sabotage.

## Konsequenzen

Der Einsatz unbemannter Fahrzeuge in der Kriegsführung hat viele unerwartete Konsequenzen gehabt. Die folgenden Beispiele veranschaulichen lediglich die Breite der aufgeworfenen Probleme; in Zukunft werden die Dinge noch komplizierter sein.

- Nachdem der Vietnamkrieg als der »Wohnzimmerkrieg« bekannt wurde, der in großem Maße durch die Filme beeinflusst wurde, die in den abendlichen Nachrichten gezeigt wurden, und der erste Golfkrieg als der »Nintendo-Krieg«, aufgrund der Nachtsichtfilme von Raketen und Smart Bombs, die deutlich sichtbar Ziele im Irak zerstörten, haben neuere Kriege im Irak und in Afghanistan das Menü der öffentlich verfügbaren Filme durch YouTube-Filme von Drohnen bereichert. Im Unterschied zu den erschütternden Filmen der US-Truppen in Vietnam, die dazu beitrugen, die öffentliche Meinung gegen Lyndon Johnson und später gegen Richard Nixon zu kehren, sind voyeuristische Kriegsbilder aus dem Irak und aus Afghanistan pro-amerikanisch. Sie werden häufig vom Militär der USA verbreitet und können bis zu mehr als einer Million Ansichten pro Clip auf sich ziehen.[28]

- Piloten unbemannter Fahrzeuge sind keiner körperlichen Gefahr ausgesetzt. Sie sitzen in einer Kabine, die sich Tausende von Meilen vom Ziel der Drohne oder den Waffen des Gegners entfernt befindet. Die damit verbundenen emotionalen Belastungen beginnen wir aber erst langsam zu verstehen.[29] Über zwölf Stunden in einem weit entfernten Krieg mitzukämpfen, und dann in das Privatleben in einer Vorstadt zurückzukehren, in die Familie mit ihren Erwartungen, ist eine gefühlsmäßige Zerreißprobe. Der Mangel des Zusammenhalts der »Brüderbande«

unter den Drohnenkämpfern ist ein weiterer Faktor: Gemeinsam erlebte Belastungen bauen eine Kameradschaft auf, die den Piloten helfen könnte, die intensiven Gefühle ihrer Arbeit zu bewältigen. Mitzuerleben, wie eine Kampfeinheit der US-Armee aus dem Hinterhalt überfallen wird und nicht helfen zu können, wird als eine besonders qualvolle Erfahrung beschrieben.[30]

- Die taktischen und strategischen Vorteile, die unbemannte Flugzeuge bieten, können außerdem mit unbeabsichtigten kulturellen Bedeutungen befrachtet sein. Die Feinde der USA könnten es sehr wohl als Feigheit und nicht lediglich als technische Klugheit ansehen, wenn unbemannte Flugzeuge losgeschickt werden, um zu töten, ohne dass Piloten der USA etwas riskieren. In den Worten des indischen muslimischen Autors Mubashar Jawed Akbar: »Nach den Kriterien des Krieges ist man prinzipiell ein Feigling, wenn man nicht bereit ist Blut zu opfern.«[31] So kann die Technologie, die dazu dient, die Soldaten der USA aus Gefahren herauszuhalten, gleichzeitig ihre Feinde zu mehr Widerstand motivieren und neue US-feindliche Überzeugungen und Verhaltensweisen legitimieren.
- Für jeden, der sich einmal über eine unterbrochene oder verloren gegangene Telefonverbindung geärgert hat, stellt das Verständnis der Radiofrequenzland-

Ein unterschätzter Aspekt der künftigen Kriegsführung mit Robotern wird in den Innovationen und Gegeninnovationen im Bereich der kabellosen Steuerung, Überwachung und Störung autonomer Geräte bestehen.

schaft in einer militärischen Auseinandersetzung sowohl eine ernüchternde, als auch beängstigende Herausforderung dar. Angesichts der Tatsache, dass so viel Radioenergie produziert und konsumiert wird – in Form von verschlüsselter Kommunikation, GPS- und Bilddaten, Aufklärung mithilfe vielfältiger Technologien, Radar, und versuchten oder gelungenen Störungen all dieser Mitteilungen – ist es nicht überraschend, dass es zu ernsten Unterbrechungen kommen kann.[32] Was in Kontrollversuchen einigermaßen gut funktioniert, kann sich im Datensmog des Kriegsgeschehens als kompliziert oder unmöglich erweisen, besonders aufgrund des Mangels an einer gemeinsamen Infrastruktur und der Notwendigkeit der Verschlüsselung, wodurch sich der Umfang selbst einfacher Mitteilungen vervielfacht und die Anforderungen an die Infrastruktur erhöht werden.

Ein unterschätzter Aspekt der künftigen Kriegsführung mit Robotern wird in den Innovationen und Gegeninnovationen im Bereich der kabellosen Steuerung, Überwachung und Störung autonomer Geräte bestehen.

## Schlussbetrachtung

Im Verlauf der gesamten Geschichte der Menschheit wurden Krieg und Konflikte zum Anlass für größere technische Fortschritte. Schießpulver, Dampfschiffe, Flugzeuge, Kernkraft, GPS und das Internet sind nur einige solcher Innovationen. Wie andere militärische Geräte vor ihnen bringen unbemannte Vehikel große Möglichkeiten zum Guten und Bösen mit sich. Drohnen könnten zum Beispiel die humanitäre Hilfe transformieren. Sich auf Beinen fortbewegende Landroboter könnten als übermenschliche »Feuerwehrmänner« oder Rettungshelfer in Katastrophen dienen. Ebenso wahrscheinlich ist es jedoch, dass Killer-Roboter von Drogenbossen, religiösen Extremisten oder entfremdeten Jugendlichen für ihre unheilvollen Zwecke eingesetzt werden. Herauszufinden, in welchen Bahnen die gesellschaftlichen Diskussionen geführt werden sollten, die sich aus den Laboren der Roboterwissenschaft und der Massenproduktion von Robotern ergeben, ist für Politiker, Gesetzgeber, Richter und Jurys und die Bürger überall auf der Welt eine Aufgabe von hoher Priorität.

7

# ROBOTER UND DIE WIRTSCHAFT

Bedenkt man, dass Roboter nun schon seit fast 50 Jahren Arbeiten an Montagebändern ausführen, dann ist es ziemlich erstaunlich, wie wenig über die Beziehung von Robotern zur Produktivität und über ihren Einfluss auf die Beschäftigungsverhältnisse bekannt ist. In dem Maße, in dem sich Roboter von Fließband- zu Versorgungsketten- und schließlich zu Dienstleistungsanwendungen weiterentwickeln, wird der Einsatz von Robotern immer mehr Menschen beeinflussen und diese Frage wahrscheinlich stärker in das Zentrum der allgemeinen Diskussion rücken.

## Nehmen Roboter menschlichen Arbeitern ihre Jobs weg?

Es gibt ein Gedankenexperiment, in dem man aufgefordert wird, sich in die Situation eines Ingenieurs im Jahre 1890 zu versetzen und zu schätzen, wie viel Pferdemist im Jahr 1920 in New York produziert werden wird. Eine lineare Extrapolation liefert ein beängstigendes Ergebnis, das selbstverständlich niemals eingetreten ist: Das Automobil trat auf den Plan und veränderte die durch Transportmittel hervorgerufenen Bedingungen der Umwelt, und statt gigantischer Mengen von Pferdeäpfeln im Jahre 1920 erhielten wir Vororte, McDonald's, Autobahnen und Dutzende anderer Nebeneffekte, die im Jahr 1930 begannen und bis in die Gegenwart fortwirken.

Etwas dieser Situation Ähnliches gilt heute für die Auswirkung der Informations- und schon bald der Robotertechnologie auf die Höhe der Arbeitslosigkeit. Man könnte zum Beispiel leicht vermuten, dass Geldautomaten die Angestellten an Bankschaltern arbeitslos gemacht haben. Präsident Obama hat das in einer Rede im Jahr 2011 unausgesprochen angedeutet. Die Beweislage legt hingegen etwas anderes nahe: Die Zahl der Bankangestellten in den USA ist in den ersten 20 Jahren der Geldautomatentechnologie von 450 000 auf 527 000 angestiegen. Ob es ohne Geldautomaten zu einer noch größeren Zunahme der Arbeitsplätze gekommen wäre, kann man natürlich unmöglich wissen.[1] Dasselbe gilt für Roboter und Arbeitsplätze in der Autoindustrie. Die Arbeitslosigkeit in Detroit hat eine Vielzahl von Ursachen, und es ist unmöglich, Roboter als entscheidenden Faktor zu isolieren; angesichts der Zunahme japanischer und später auch koreanischer Autohersteller, anhaltender finanzieller Unterstützung für »National Champion«-Autohersteller in einigen Ländern, die eine Gesundschrumpfung des Marktes verhindern, rückläufiger Zahlen der Automobilbesitzer, des Zustands der Arbeitergewerkschaften außerhalb des industriellen mittleren Westens sowie des Beitrags von Renten- und Gesundheitskosten zur Arbeitsökonomie der »Big Three«*.

In diesem Zusammenhang ist zu beachten, dass sowohl Zapfsäulen zum Selbsttanken als auch Geldautomaten frühe Beispiele für die Interaktion von Mensch und Roboter sind. Die Selbstbedienung – sei es bei Amazon.com, an einer Tankstelle, im Flughafenkiosk, an Selbstbedienungskassen, oder wo immer Kunden häufig die Arbeit von Angestellten übernehmen, ohne dass sie sich dessen bewusst sind – muss sich auf die Zahl der Arbeitsplätze ausgewirkt haben. Ihre subtilen, längerfristigen Auswirkungen abzuschätzen ist allerdings schwierig, wenn nicht gar unmöglich. Die Auswirkung von Robotern auf den Arbeitsmarkt wird schwer zu messen sein, insbesondere deshalb, weil sie sich nicht ohne Berücksichtigung des menschlichen Bedienpersonals von Robotern – der Mechaniker, Programmierer oder anderen Personen – berechnen lässt. Unverarbeitete Zahlen werden nur von begrenztem Wert sein und mit alternativen Schätzungen verglichen werden müssen, insbesondere auf der Ebene des Bruttosozialprodukts und

* Anm. d. Übers.: General Motors, Chrysler und Ford; die drei größten Autohersteller Nordamerikas, die alle in Detroit angesiedelt sind.

nationaler Arbeitsmarktzahlen, wo es keine Kontrollpopulation geben kann.

Es ist allerdings wichtig, die bisherigen Schlüsselergebnisse hervorzuheben: Im Gegensatz zu den Bauern, die in die Städte zogen, als die Landwirtschaft industrialisiert wurde, haben wir nur wenige sichtbare Anzeichen für die Auswirkungen von Computern – und noch weniger für die von Robotern – auf die Arbeit und die Entwicklung des Arbeitsmarktes. Erhöhen Roboter die Arbeitslosigkeit? Niemand kann das mit Bestimmtheit sagen. Erik Brynjolfsson und Andrew McAfee vom MIT behaupten in ihrem Buch *Race against the Machine*, dass allein die Geschwindigkeit und der weitreichende Einfluss der digitalen Innovation die meisten Menschen und Organisationen daran gehindert haben, mit dem Tempo der Veränderung Schritt zu halten, denn die Fertigkeiten und das Wissen des Menschen nehmen nur langsam zu, und die Aufgaben und geschäftlichen Prozesse haben sich ebenfalls nicht schnell genug verändert.[2] Daher kann der »wirtschaftliche Aufschwung ohne die Schaffung zusätzlicher Arbeitsplätze«, der nach der Rezession von 2008 zustande kam, nicht der Informationstechnologie in die Schuhe geschoben werden; doch ist es ebenso wenig möglich zu behaupten, sie hätte überhaupt keine Rolle dabei gespielt.

Nach einer Denkrichtung geht der Aufstieg der Informationstechnologien mit einer »Untergrabung« des Arbeitskräftemarkts der USA einher, und er ist möglicherweise auch dafür verantwortlich. Dass die Zunahme des Einkommens der Mittelschicht stagniert, ist gut dokumentiert, und dies hat wahrscheinlich viele dazu beitragende Ursachen. Eine von ihnen lässt sich beobachten, da Computer immer komplexere Aufgaben übernehmen und auf diese Weise Menschen verdrängen, die diese Aufgaben bis dahin unter einer bestimmten Arbeitsplatzbeschreibung erledigt haben. Die weit verbreitete Auslagerung der Abrechnung von Gehältern – einer unentbehrlichen Funktion, die selbst dann keine Wettbewerbsvorteile bringt, wenn sie hervorragend ausgeführt wird – an ADP und andere Firmen hat beispielsweise zum beinahe völligen Verschwinden von Lohnbuchhaltern geführt.

David Autor, ein Wirtschaftswissenschaftler am MIT, behauptet Folgendes: Wenn eine neue Arbeitsaufgabe entsteht, werden zu ihrer Durchführung Menschen benötigt, da sie sich anpassen, analysieren und improvisieren können. In dem Maße, in dem die Arbeit besser verstanden wird und sie genauer beschrieben werden kann, können Maschinen sie übernehmen. Mit dem »Loch in der Mitte« sind gefährdete Jobs gemeint, die weder schlecht bezahlt und körperlich sehr anstrengend, noch gut bezahlt und intellektuell anspruchsvoll sind.[3] Leider finden es Arbeitnehmer, die von ihren Arbeitsplätzen verdrängt wurden, sehr schwer, in irgendeinem neuen Bereich eine alternative Anstellung zu finden. Die Erfahrung lehrt, dass solche Arbeitnehmer weder geografisch flexibel (manchmal aufgrund von Familienbanden oder den Folgen negativer Hypotheken), noch in der Lage sind, Arbeitsplätze zu finden, für die ihre Fähigkeiten zwar nützlich sein könnten, zu denen ihr professionelles Vokabular, ihr persönliches Netzwerk oder ihre Einkommenserwartungen jedoch nicht passen. Der berufsmäßige Abstieg erfordert schwere Anpassungen.[4]

## Werden neue Roboter mehr Jobs verdrängen als sie schaffen?

Die Wirtschaftstheorie, auf die man sich in diesen Situationen traditionellerweise beruft, legt nahe, dass Arbeit sparende Innovationen Arbeiter zur Ausführung von Arbeiten freisetzen, die mehr Werte schaffen: Bauern konnten aufhören den Boden auf kleinen Parzellen von Hand zu pflügen, als zunächst Pferde und später Traktoren es ihnen ermöglichten, immer größere Felder zu bestellen. Heute ernähren etwa 2 % der US Bevölkerung nicht nur die anderen 98 %, sondern ein Großteil der Getreide und Nahrungsmittel wird außerdem zusätzlich exportiert. Vor 100 Jahren wäre ein solches Größenverhältnis noch unvorstellbar gewesen.

David Autor vom MIT hebt einen wichtigen Punkt hervor: Nur weil eine bestimmte Aufgabe automatisiert werden *kann*, bedeutet dies nicht, dass sie auch automatisiert *wird*. Innerhalb derselben Industrie, ja sogar innerhalb desselben Unternehmens, hängt die Automatisierung von der Arbeitsökonomie ab: Der Autohersteller Nissan verwendet in seinen Fabriken in Japan mehr Roboter als in den Fabriken in Indien, wo die Arbeitskraft wesentlich günstiger ist.[5] Im Jahr 2013 betrug die Arbeitslosigkeit in Japan 4 %, während sie in den USA 7,4 % betrug. Währenddessen berichtete der internationale Verband der Roboterwissenschaft, dass in Japan auf 10 000 Arbeiter 323 Roboter kamen, in den USA kamen auf dem allgemeinen Arbeitsmarkt hingegen auf 10 000 Arbeiter 152 Roboter – nur zehn Jahre früher waren es noch nur 72 gewesen.[6] Auf der Makroebene hatte Japan proportional zur Zahl der Arbeitsplätze mehr als doppelt so viele Roboter, jedoch etwa nur die Hälfte der Arbeitslosigkeit der USA. Urteilt man nach diesem Beispiel, so scheint es zumindest schwer zu beweisen, dass der Einsatz von Robotern notwendigerweise eine höhere Arbeitslosigkeit zur Folge hat.

Die japanische Wirtschaft weist mit der Wirtschaft der USA allerdings in den meisten Punkten keine Ähnlichkeit auf. Die ethnische Vielfalt, die Bevölkerungsdichte, die Grundstoffgewinnungs- und Lebensmittelindustrien (Bergbau, Landwirtschaft, Fischfang und die Energiewirtschaft) sowie die Handelsbilanzen unterscheiden sich in beiden Ländern deutlich voneinander. Japan altert wesentlich schneller und lässt wesentlich weniger Einwanderer ins Land. Die Einstellungen zu Robotern hängen in beiden Ländern von extrem unterschiedlichen kulturellen

Milieus ab. Daher wäre es verfrüht, Japan als definitiven Beweis dafür anzuführen, dass Roboter nicht zu einer höheren Arbeitslosigkeit beitragen. Es lässt sich auch leicht eine Situation vorstellen, in der Roboter eine »Reservearmee von Arbeitskräften« darstellen, die einen Druck auf die Löhne ausüben: Die Arbeiter in der indischen Autoindustrie haben einen wichtigen Grund nicht zu streiken, da sie wissen, dass Nissan über Roboter verfügt, die das Unternehmen einsetzen kann, wenn die Löhne zu sehr ansteigen.

## Fabriken

Wie wurden Roboter bis heute an Arbeitsplätzen in den USA eingesetzt? Angesichts der Tatsache, dass die Autoindustrie im Einsatz von Robotern erwiesenermaßen führend ist, kann die Betrachtung dieses Sektors einen Hinweis auf übergreifende Strukturen geben – oder auf das Fehlen solcher Strukturen. Bislang funktionieren Roboter sehr ähnlich wie Werkzeugmaschinen. Sie führen monotone Aufgaben aus, für die sie programmiert sind: Sie bewegen schwere Gegenstände, sprühen Farbe auf oder installieren Bauteile an einem Montageband. Roboter sind normalerweise fest verankert, schwer, für einen speziellen Zweck bestimmt und zum Schutz des Menschen durch Käfige gesichert.

Mehrere auftauchende Trends deuten darauf hin, dass eine neue Generation von Robotern eingeführt wird. Der Roboter Baxter von Rethink Robotics kam 2012 auf den Markt. Im Gegensatz zu traditionellen industriellen Robotern ist er relativ billig (etwa 25 000 Dollar), ungefährlich im Betrieb, leicht programmierbar und multifunktional. Sein Zielmarkt sind kleinere Unternehmen, in denen Roboter Arbeiter freisetzen können, sodass diese interessantere oder wertvollere Aufgaben erledigen können, statt zum Beispiel Gegenstände von einem Fließband aufzulesen oder in Kisten oder Transportkartons zu verpacken. Der Baxter befreit nicht nur Arbeiter von monotonen, langweiligen Aufgaben, sondern er ist auch dazu gedacht, in menschliche Arbeitsabläufe integriert zu werden: Im Gegensatz zu Montage-Robotern, die potenziell tödliche Kräfte freisetzen können, nimmt der Baxter Kontakt wahr und kann es vermeiden, Menschen zu verletzen.

## Versorgungsketten

Ein weiterer Trend zeigt sich in Robotersystemen für Versorgungsketten. Das sichtbarste Beispiel hierfür wird von Kiva hergestellt, einer Firma in Boston, die 2012 von Amazon gekauft wurde und nun den Namen Amazon Robotics trägt. Der gleichnamige Roboter Kiva ist ein perfektes Beispiel für die Interaktion von Mensch und Roboter: Menschliche Augen und Gehirne können Muster viel besser erkennen als Roboter, und ihre Hände kombinieren Berührungsempfindung, Anpassungsfähigkeit und eine Geschicklichkeit, die die Fähigkeiten heutiger Robotergreifer bei weitem übertreffen. Roboter können ihrerseits besser monotone Aufgaben ausführen, große Gegenstände bewegen und Barcode-Aufklebern auf dem Fußboden folgen, und zwar nach einem im Voraus geplanten Schema. Kiva berührt daher niemals einen Gegenstand, sondern bewegt stattdessen Regale mit Handelswaren von Verpackungs- zu Lagerbereichen und vom Lager zu Auswahl- und Verpackungsbereichen. Menschen müssen die typischerweise weiten Entfernungen in großen Distributionszentren nicht zu Fuß zurücklegen, und die Roboter müssen keine für sie schweren Aufgaben übernehmen, wie etwa die visuelle Unterscheidung oder die Auswahl kleiner Gegenstände.[7]

Bedenkt man, wie unvorhersehbar Amazon sich verhält, ist es bemerkenswert, dass das Unternehmen bei der rasanten Expansion seines eigenen Netzwerks globaler Distributionszentren Kiva-Systeme nicht immer eingesetzt hat. Eine mögliche Erklärung für dieses scheinbare Missverhältnis (außer der Tatsache, dass es Jahre dauert, bis die Übernahme großer Unternehmen sich vollständig vollzogen hat), besteht darin, dass Amazon mehr am Software-Fachwissen von Kiva als an den mechanischen Geräten des Unternehmens interessiert war.[8] In einem Artikel aus dem Jahr 2007 wurde folgendes Argument vorgebracht: Kiva-Lagerhäuser sind selbstoptimierend, insofern weniger verkaufte Güter an weniger zugängliche Standorte verschoben werden, während Güter, die schnell verkauft werden, am Rand des Lagerbereichs abgelegt werden. Da die Kiva-Distributionszentren 24 Stunden am Tag arbeiten – wobei die weniger gut verkauften Güter außerhalb der regulären Arbeitszeit verschoben werden – können sie beispielsweise statt von einem menschlichen Manager, der mehreren Prioritäten gerecht werden muss, von einer Software gesteuert werden. Die Überschrift des Artikels – »Lagerhäuser mit direktem Zugriff«* – wies genau hierauf hin.[9]

## Der Gesamtzusammenhang

Schaut man sich die Geschichte der Wirtschaft an, so gewinnt man den Eindruck, dass immer dann, wenn eine Aufgabe mechanisiert oder automatisiert wurde, die Arbeiter neue Wege gefunden haben, in den Arbeitsprozess einbezogen zu bleiben. Um ein bekanntes Beispiel aus dem Jahre 1970 zu wählen: ein Drittel aller angestellten Frauen in den Vereinigten Staaten waren zum damaligen Zeitpunkt Sekretärinnen. Mit der Einführung des Personal Computers und der modernen Textverarbeitungssoftware ging der Bedarf an Sekretärinnen drastisch zurück, wäh-

* Random-Access Warehouses

rend die Gesamtzahl der angestellten Frauen jedoch zunahm.

1992 sagte Robert Reich (der später in der Regierung von Präsident Clinton Arbeitsminister wurde) voraus, es werde in den Volkswirtschaften entwickelter Länder zu einem Arbeitsmarkt mit drei unterschiedlichen Ebenen kommen.[10] Reich begann mit Arbeitsplätzen im Dienstleistungsbereich (im Gesundheitsbereich und im Einzelhandel, um zwei riesige Beispiele zu nennen), denen er eine zweite Ebene hinzufügte: Produktionsarbeiter in einem kleiner werdenden Manufakturbereich. Außerdem sah er das Aufkommen einer dritten Ebene voraus, die er als diejenige der »symbolischen Analytiker« bezeichnete. Zu dieser letzten Ebene gehörten Finanzdienstleistungen, das Ingenieurwesen, Software- und juristische Dienstleistungen. Nach einem steilen Anstieg der Zahl ihrer Arbeitskräfte, wird diese dritte Ebene nun automatisiert: Big-Data-Tools* ersetzen menschliche Arbeitskräfte, die nicht so gut wie Maschinen sind, wenn es um die Bewertung von Kreditwürdigkeit oder die Deutung von Mammogrammen geht. Wie die Wirtschaftszeitung *Economist* im Mai 2013 feststellte: »Bankangestellte und Mitarbeiter von Reisebüros sind bereits zu Tausenden entlassen worden; Lehrer, Forscher und Schriftsteller sind die nächsten.«[11] Buchhaltung und Recht werden beide ins Ausland verlagert und automatisiert: Die

* Anm. d. Übers.: Spezielle Programme für die Verarbeitung riesiger Datenmengen

Aufgabe juristischer Nachforschungen war arbeitsintensiv und deshalb teuer für den Klienten und profitabel für die Partner in Anwaltskanzleien, die Kollegen und Anwaltsassistenten arbeiten lassen konnten um Berge von Stunden abrechnen zu können. Heute kann ein Großteil der Arbeit von Software erledigt werden.[12]

Seit Reich seine Voraussagen gemacht hat, ist die Einkommensungleichheit in den USA noch größer geworden (siehe Abb. 7.1). Gewinne der oberen 20 % der Bevölkerung sind größtenteils durch Gewinne der oberen 5 % oder sogar 1 % angehoben worden: Ein Familieneinkommen von zwei Lehrern an einer staatlichen Schule kann 140 000 $ betragen, doch diese Gruppe mittlerer Einkommen ist hier nicht die treibende Kraft. Stattdessen hat eine Reihe von Wirtschaftswissenschaftlern behauptet, dass große Einkommensgewinne, und damit Vergrößerungen der Einkommensungleichheit, das Ergebnis von größeren Renditen für Kapital statt Arbeit sind.[14] Die Verschiebung in Richtung auf investitionsabhängige Einkommen, die das auf Gehältern beruhende Wachstum übertreffen, ist mit dem zunehmenden Abstand zwischen Löhnen und der Produktivität seit etwa 1970 eng korreliert. Mit anderen Worten: Investitionen in Kapital, wie zum Beispiel in Computer und andere Formen der Automatisierung, trieben die Steigerung der Produktivität voran, deren Vorzüge größtenteils den Besitzern dieses Kapitals zufielen, nicht jedoch den Arbeitern (siehe Abb. 7.2).

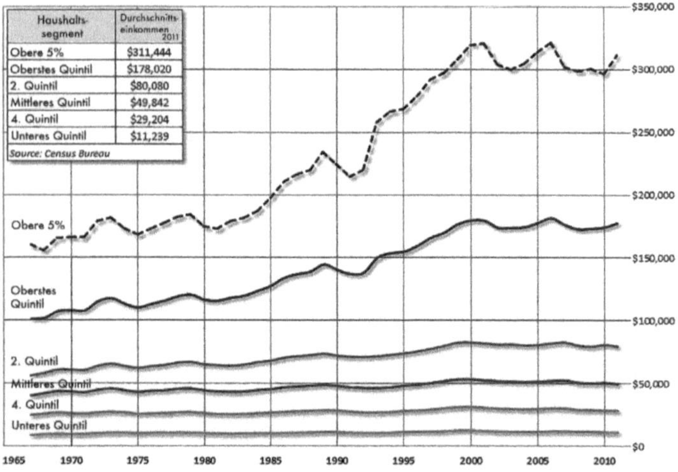


**Abbildung 7.1** Inflationsbereinigte mittlere Haushaltseinkommen in den USA, nach Quintilen* und den oberen 5 % (1957–2011). *Quelle:* Amt für Volkszählungen[13]

* Anm. d. Übers.: Quintile (lateinisch »Fünftelwerte«) zerlegen die Menge der Werte einer Verteilung in fünf umfangsgleiche Teile. Unterhalb des ersten Quintils liegen 20 % der Werte der Verteilung, unterhalb des zweiten Quintils 40 % usw.

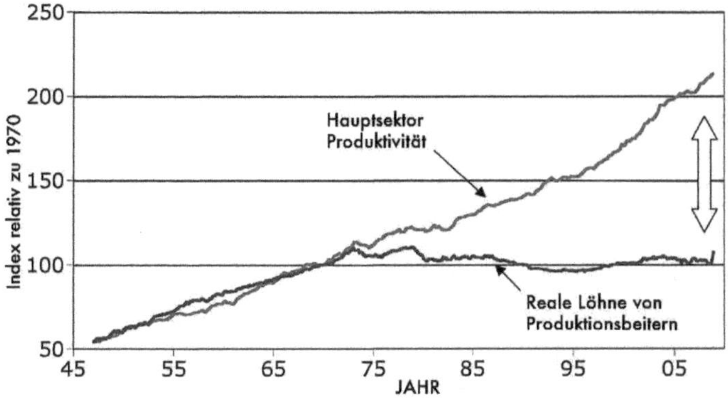


**Abbildung 7.2** Die Gehälter entwickelten sich in den USA seit den 1970er Jahren nicht mehr parallel zum Anstieg der Produktivität. *Quelle:* Amt für Arbeitsmarktstatistik[15]

Nimmt man diese beiden Trends zusammen – die Automatisierung zunehmend komplexer Aufgaben und die steigenden Gewinne für Kapital relativ zu Gehältern – so würde der Roboter für Arbeiter scheinbar Schlechtes bedeuten. Vier Entwicklungen liegen diesem negativen Szenario zugrunde. Erstens werden Roboter jedes Jahr billiger: dank der Wirtschaftlichkeit der Massenproduktion, der Lernkurven und des Moore'schen Gesetzes der Mikroprozessorleistung. Zweitens werden Roboter jedes Jahr leistungsfähiger, angesichts der Fortschritte des Software-Engineerings, des maschinellen Sehens, und anderer Bauelemente, verbunden mit dem Durchsickern von Innovationen der höheren Ebenen der Verteidigungsforschung und -entwicklung in den zivilen Bereich. Drittens werden menschliche Arbeitskräfte jedes Jahr teurer, obwohl die Lohnerhöhungen minimal gewesen sind, und zwar aufgrund des Anstiegs der Krankenversicherungskosten und anderer Ausgaben, die für menschliche Arbeitskräfte anfallen (einschließlich zum Beispiel der Kosten für Klimatisierung). Und viertens müssen Roboter, worauf Illah Nourbakhsh von der Carnegie Mellon Universität hingewiesen hat, die menschliche Leistung nicht vollständig erreichen: Sie müssen lediglich *gut genug* sein. Wenn sie neben Robotern arbeiten, werden Menschen lernen, wie sie die Stärken von Robotern am besten nutzen, und wie sie ihren Schwächen am besten Rechnung tragen (indem sie beispielsweise nichtmaschinelles Sehen bereitstellen, wenn ein Roboter stecken bleibt, oder Selbstbedienungskassen entwerfen, an denen Kunden die meiste Arbeit machen, wobei ein einzelner Angestellter sechs Kassen betreut statt nur eine einzige zu bedienen). In dem Maße, in dem wir zusätzlich Erfahrungen sammeln, werden Geschäftsprozesse entsprechend der jeweiligen Stärken von Menschen und Robotern umgestaltet werden.[16]

Bedenkt man, dass Billiglohnarbeiter und Arbeitslose häufig nicht über den erforderlichen Bildungsstand und das benötigte Kapital verfügen, dann ist es wahrscheinlich, dass zuerst das Kapital und dann erst die Arbeiter Roboter besitzen werden. Weiter oben auf der Lohnskala liegen die Dinge nicht so einfach. Investoren in quantitative Finanzdienstleistungen können ihr Fachwissen multiplizieren und erweitern, indem sie es in Computer, Handelsnetzwerke und andere Robotertechnologien einbringen. Es ist sehr gut möglich, dass Radiologen die ersten Nutzer von Mammografie-Screening-Software sein werden, um auf diese Weise die Werkzeuge sozusagen »innerhalb der Zunft« zu kontrollieren.

Andere Voraussagen sind optimistischer: Es hat immer genug zu tun gegeben, um die Arbeitskräfte beschäftigt zu halten. Roboter werden für Arbeiten verwendet werden, die Menschen nicht mehr tun wollen: für Arbeiten die langweilig, schmutzig und gefährlich sind. Die Erfahrung bestätigt dies: Es gibt erfolgreiche Tests oder Einsätze von Robotern zur Entschärfung von Bomben, bei Rettungsbemühungen während einer Katastrophe wie in Fukushima,[17] für monotone Fließbandaufgaben, ja sogar zum Staubsaugen in einem Wohnzimmer. Eine Denkrichtung sieht voraus, dass Menschen sehr viel mehr Freizeit haben werden, in der sie ihre Interessen und Talente erforschen und zum Ausdruck bringen können. Kevin Kelly, einer der ursprünglichen Herausgeber von *Wired*, schrieb in diesem Sinne:

Wir müssen Robotern die Führung überlassen. Sie werden Jobs erledigen, die wir bisher erledigt haben, und zwar besser, als wir das können. Sie werden Jobs erledigen, die wir überhaupt nicht machen können. Sie werden Jobs erledigen, von denen wir uns nie haben vorstellen können, dass sie getan werden müssten. Und sie werden uns helfen, neue Jobs für uns selbst zu finden, neue Jobs, die erweitern, wer wir sind. Sie werden es uns ermöglichen, uns darauf zu konzentrieren, menschlicher zu werden, als wir es waren.[18]

Wenn akademische Roboterwissenschaftler eine Meinung äußern, fallen sie häufig in diese Gruppe. Henrik Christensen von der technischen Universität von Georgia genießt in seinem Fachgebiet hohe Anerkennung, obwohl er kein Arbeitsökonom ist. Er behauptet – ohne dafür irgendwelche Belege zu haben –, dass jeder Arbeitsplatz in der Produktion, der vom Ausland in die USA zurückgebracht wird (eine Verschiebung, die in vielen Fällen durch die Roboterwissenschaft möglich geworden ist) außerdem »1,3 andere Jobs in verwandten Bereichen« nach sich zieht.[19] Die Vorteile von Robotern – geringere Kosten, größere Präzision und eine leichtere Erfüllung der Anforderungen von »Reinräumen« und ähnlichen, für Menschen problematischen Umgebungen – machen die Zahl plausibel: Selbst wenn Produkte von Robotern hergestellt werden, muss die Fertigung dieser Produkte immer noch von Arbeitsschritten unterstützt werden, die von Menschen erledigt werden, wie zum Beispiel Materialbeschaffung, Buchführung, Wartungsarbeiten und Marketing.

Doch die Frage der Arbeitsplätze ist nicht nur eine Frage der Quantität. Frank Levy und Richard Murnane sind Arbeitsökonomen, die die Auswirkungen der Informationstechnologien auf die Arbeit studieren. Sie behaupten, dass es – um auf die »neue Arbeitsteilung zwischen Menschen und Computern« einzugehen – »vier grundlegende Fragen« gibt, die wir uns stellen müssen:

1. Welche Art von Aufgaben erledigen Menschen besser als Computer?
2. Welche Art von Aufgaben erledigen Computer besser als Menschen?
3. Welche gut bezahlte Arbeit wird in einer zunehmend computerisierten Welt jetzt und in Zukunft noch übrig bleiben, um von den Menschen getan werden zu können?
4. Wie können Menschen die Fähigkeiten erwerben, um diese Arbeit zu verrichten?[20]

Wenn man einen Fließbandarbeiter, der Griffe an Autotüren montiert, aus seinem Arbeitsplatz verdrängt, wird dadurch keine Krankenschwester frei, die den Mangel an Arbeitskräften in ihrem Feld beheben könnte, auch kein Roboterprogrammierer, oder Wartungstechniker und auch keine Reinigungskraft. Das bedeutet: Die Fertigkeiten, die ersetzt werden, gehören zu Jobs, die ursprünglich nicht unbedingt zur Erhöhung der Menschenwürde beitrugen, doch es waren zumindest Jobs, und der Weg von der Verdrängung zur Neueinstellung ist alles andere als wohl definiert. Arbeitgeber beklagen häufig die Diskrepanz zwischen den Fähigkeiten, die auf dem Arbeitsmarkt gefragt sind, und dem, was junge Menschen in Schule und Universität lernen, und sie üben Druck auf die Curricula aus. Die Sorge ist berechtigt. Doch Peter Cappelli von der Wharton School der Universität von Pennsylvania weist auf die Tatsache hin, dass manche Arbeitgeber zurückhaltend sind, wenn es darum geht, Arbeiter auszubilden.[21] (Zu fragen wäre auch, ob nicht der übermäßige Einsatz mangelhafter Software, die Lebensläufe durchsieht, mit daran Schuld ist, dass die Arbeitslosigkeit künstlich hochgetrieben wird.)[22] Demnach hat der Einfluss der Roboterwissenschaft auf die Arbeitslosigkeit viele sekundäre Folgen, und es wird schwer sein, in naher Zukunft klare Antworten auf die Frage zu bekommen, worin diese bestehen mögen.

Da es in kaum einem Bereich der Wirtschaftswissenschaft Eins-zu-Eins-Entsprechungen gibt, besonders im

Der Einfluss der Roboterwissenschaft auf die Arbeitslosigkeit hat viele sekundäre Folgen, und es wird schwer sein, in naher Zukunft klare Antworten auf die Frage zu bekommen, worin diese bestehen mögen.

Bereich der Arbeitsplätze, können wir die Frage, ob Roboter für den Abbau von Arbeitsplätzen verantwortlich sind, aus zwei Gründen auf später verschieben: Erstens erschwert die Verwirrung hinsichtlich der Frage, was einen Roboter überhaupt ausmacht, die Sache; fast alles, das mit einem Werkzeug oder Artefakt irgendeiner Art zusammenhängt, könnte in Frage kommen. Zweitens könnte es sein, dass die Arbeitsplatzverdrängung durch Roboter bereits fortgeschrittener ist, als die meisten Analysen andeuten. Mitte des Jahres 2013 gab es in den USA 11,76 Millionen arbeitslose Personen, im Vergleich zu 143,9 Millionen Menschen mit einer Arbeit. Es ist ein einfaches Rechenexempel, dass die Arbeitslosigkeit um die Mitte des Jahres 2013 bei etwa 8 % lag; technische Anpassungen lieferten ein offizielles Ergebnis von 7,6 %. Was bei diesen Zahlen nicht mitgezählt wird, sind Menschen, die aufgehört haben eine Arbeit zu suchen, Personen, die Teilzeitarbeit hatten, obwohl sie eine Vollzeitstelle wollten und benötigten, und Ruheständler, von denen einige die Arbeit unfreiwillig verlassen haben. Eine andere Gruppe von Personen – es waren jeden Monat 14 Millionen –, die nicht arbeitet, erhält Zahlungen aufgrund von Arbeitsunfähigkeit. Die Zahl derjenigen, die Anträge auf Arbeitsunfähigkeit gestellt haben, hat sich seit 1969 fast verdoppelt. Mehr als ein Drittel dieser Anträge steht im Zusammenhang mit Rückenschmerzen, Problemen mit Muskeln und dem Skelett; ein weiteres Fünftel steht im Zusammenhang mit seelischen Erkrankungen und entwicklungsbedingten Behinderungen – wobei es sich in diesen Fällen um Zustände handelt, die man nur schwer mit Sicherheit diagnostizieren kann.[23]

Der Arbeitsökonom David Autor vertritt die Auffassung, dass Arbeitsunfähigkeit »eine Art hässliches Geheimnis des amerikanischen Arbeitsmarktes ist. Ein Grund dafür, warum unsere Arbeitslosenzahlen noch bis vor kurzem so niedrig waren, besteht darin, dass sehr viele Menschen, die Schwierigkeit haben würden einen Job zu finden, sich in einem anderen Programm befinden«.[24] Die Tatsache, dass die Zahl der Anträge auf Arbeitsunfähigkeit sich in einem Zeitraum verdoppelt hat, der mit hoher technologisch bedingter Arbeitslosigkeit zusammentrifft – Verlagerung von Arbeit ins Ausland, die Automatisierung von Callcentern, Selbstbedienungskassen – legt nahe, dass neue Technologien zwar Wohlstand und Produktivität mit sich bringen, aber nicht genug Arbeitsplätze für diejenigen, die aus ihrer Arbeit verdrängt wurden, wie es Brynjolfsson und McAfee bereits behauptet haben. Wenn man 7 Millionen Anträge auf Arbeitsunfähigkeit (die Hälfte der gegenwärtigen Gesamtzahl) in die Ränge der Arbeitslosen aufnehmen würde, würde dies die offizielle Arbeitslosigkeitsquote auf politisch gefährliche 12 % erhöhen, wobei Unterbeschäftigung und Frühruhestände auch hier nicht mitgezählt werden.

Nur um zu zeigen, wie kompliziert das Bild ist: Einige der (zumindest auf Papier) arbeitsunfähigen Personen, die aufgrund von Rücken- und verwandten Problemen nicht beschäftigt werden können, könnten mit Robotern zusammenarbeiten, die Gegenstände für sie heben und bewegen könnten. Das Szenario wirft eine dornige Frage auf: Was werden Personen, die nur eingeschränkt heben können und nach der Schule keine weitere Ausbildung hatten, in die Partnerschaft von Mensch und Roboter mitbringen? Derartige Fragen werden eher früher als später Dringlichkeit erlangen. In der Zwischenzeit befinden wir uns in der Mitte eines riesigen Experiments, bei dem es um Millionen von Arbeitern und ihren Lebensunterhalt geht.

8

# WIE KOMMEN MENSCHEN UND ROBOTER MITEINANDER AUS?

Bislang sind die meisten Forschungen und technischen Bemühungen in der Roboterwissenschaft sozusagen vom Inneren des Roboters nach außen erfolgt, und sind im Zuge dessen auf schwierige Probleme wie die Wegfindung, den Antrieb, das Greifen von Gegenständen, maschinelles Sehen usw. eingegangen. Da Roboter nunmehr beginnen, das Terrain des Menschen zu betreten, um seine Aufgaben auszuführen, taucht eine neue Reihe von Problemen auf. Welche Regeln müssen Menschen befolgen, damit sie im Straßenverkehr mobilen Robotern aus dem Weg gehen, in Fahrstühlen Knöpfe für sie drücken oder sie vor unmittelbar bevorstehenden Gefahren warnen können? Welche Seite übernimmt welchen Teil einer Aufgabe, sei es bei einfachen (bei einer Transaktion an einem Geldautomaten) oder komplizierten (bei Bombenflugzeugseinsätzen oder in der Chirurgie)? Wo liegen die Schuld, die Haftbarkeit und die letzte Verantwortung – möglicherweise in Form eines Tötungsschalters? Ein kurzer Blick auf Beispiele von konkreten Situationen zeigt den potenziellen Reichtum der Beziehung zwischen Mensch und Roboter, ebenso wie die komplexen Probleme, die noch zu lösen sind.

## Mensch-Roboter-Interaktionen

Die Erforschung der Mensch-Roboter-Interaktion (MRI), der deutlich weniger Aufmerksamkeit gewidmet wird als anderen technischen Herausforderungen der Roboterwissenschaft, konzentriert sich wesentlich stärker darauf, wie Roboter Eingaben des Menschen »verstehen«, als darauf, wie Menschen auf die Gegenwart von Robotern an Arbeitsplätzen, bei Notfallrettungseinsätzen oder bei Gefahr für die öffentliche Sicherheit reagieren. In einem Forschungsbericht aus dem Jahr 2013 wiesen Robin Murphy und Debra Schreckenghost, zwei der angesehensten Forscher des Fachgebiets, darauf hin, dass

> [...] Metrik für das [Mensch-Roboter-]Interaktionssystem in der Praxis häufig durch Beobachtungen des Roboters oder des Menschen beeinflusst wird, wodurch es zu Störungen und Analysefehlern kommt. Die Kriterien erfassen die Auswirkung der Autonomie auf die MRI nicht vollständig, da sie sich typischerweise

auf die Akteure konzentrieren, nicht auf ihre Fähigkeiten. Dies hat zur Folge, dass die gegenwärtigen Messgrößen uns nicht dabei helfen festzustellen, welche autonomen Fähigkeiten und Interaktionen für welche Aufgaben angemessen sind.[1]

Dies besagt, dass MRI-Forscher noch keine Standardmessgrößen für die Interaktion von Mensch und Roboter vorgeschlagen, geschweige denn sich darauf geeinigt haben. Von den 42 Messgrößen, die in dem Forschungsbericht aufgeführt werden, beziehen sich sieben auf den Menschen, sechs auf Roboter und 29 auf die Interaktion zwischen den beiden. Von den sieben Messgrößen für Menschen kann man nur von einer – dem Vertrauen – behaupten, dass sie die Reaktion eines Menschen, auf den ein autonomer Roboter zugeht, quantitativ erfasst. Die anderen, wie zum Beispiel »die produktive Zeit im Vergleich zur zusätzlich aufzuwendenden Zeit«, beziehen sich auf das Verhalten eines Menschen, der einen Roboter bedient oder kontrolliert.[2] Im *Springer Handbook of Robotics*, einer enzyklopädischen Sammlung von Artikeln der führenden Gelehrten des Fachbereichs, geben die Autoren des Aufsatzes über »Social Robots That Interact with Humans« zu, dass sich die Erforschung der Auswirkungen von Robotern auf den Menschen noch in einem frühen Stadium befindet. Sie stellen eine Frage, die für das Feld der MRI-Forschungen zentral ist, und auf die es noch keine Antwort gibt: »Welches sind die gewöhnlichen sozialen Mechanismen der Kommunikation und des Verstehens, die zur effizienten, erfreulichen, natürlichen und sinnvollen Interaktion von Mensch und Roboter führen?«[3]

## Der Fall der Such- und Rettungsaktionen

Roboter sind für die häufig gefährlichen und schmutzigen Vorgänge bei Such- und Rettungsaktionen ideal geeignet.[4] Obwohl es einige überraschende Erwägungen bei der Planung von Robotern für Such- und Rettungsaktionen gibt, steht die positive humanitäre Seite dieser Art von Robotern in deutlichem Gegensatz zu anderen Robotertypen, bei denen die moralischen und ethischen Dimensionen komplizierter sind: Industrieroboter nehmen einigen Menschen den Lebensunterhalt weg, Kampfroboter werfen bereits ernsthafte Fragen auf (bei denen es im wahrsten Sinne des Wortes um Leben und Tod geht), und selbst Pflegeroboter laufen Gefahr, die Bewohner von Altenwohnheimen zu dehumanisieren. Es ist in der Tat schwer, negative Aspekte an Robotern auszumachen, die in gefährlichen Situationen Menschenleben retten. Selbst bei einer derart klar definierten Mission stellen sich jedoch zahlreiche Fragen bezüglich der Kompetenzverteilung zwischen Mensch und Roboter, auf die eingegangen werden muss.

Das Gebiet der Such- und Rettungsaktionen ist so breit wie die menschliche Aktivität selbst: Such- und Rettungsroboter werden gegenwärtig in der Luft, auf dem Land und sowohl auf, als auch unter dem Wasser getestet. Ein Erdrutsch oder ein Tsunami erfordert fliegende Roboter, um sich einen groben Überblick über die geografischen Dimensionen verschaffen zu können; in Gebäuden, die durch Feuer, Erdbeben oder eine Explosion schwer beschädigt oder völlig zerstört wurden, werden Roboter benötigt, die durch Trümmer kriechen können. Selbst Trümmer sind so unterschiedlich, dass es im Jahr 2006 keinen technischen Standard zur Charakterisierung der unterschiedlichen Trümmer und Abfälle von Feuer, Erdbeben und Explosionen gab.

Roboter in Such- und Rettungsaktionen müssen auch hinsichtlich ihrer jeweiligen Funktionen spezialisiert sein: Wahrnehmen und Bewerten der strukturellen Integrität eines beschädigten Gebäudes; Wahrnehmen und Erkennen von Gasen (explosiven oder giftigen); Registrieren und Messen von Strahlungen und kartografisches Erfassen kontaminierter Bereiche; Auffinden und Versorgen von Überlebenden, Einschätzen des Umfangs ihrer Verletzungen und Bergen der Überlebenden. Das Erfassen der verschiedenen Aspekte und der Größenverhältnisse eines von einer Katastrophe heimgesuchten Gebiets erfordert jeweils unterschiedliche Planungen, Bediener verschiedener Geräte und Vorgehensweisen. Außerdem stellt sich die Frage, wie man einen Roboter überhaupt in ein Katastrophengebiet bringen kann: Eine 500 kg schwere Maschine aus einer Entfernung von Hunderten von Kilometern herbeizuschaffen, kann ein großes Problem darstellen, wenn um die Transport- und Kommunikationsmöglichkeiten in dem betroffenen Bereich viele Parteien konkurrieren.

Am erfolgreichsten wurden Such- und Rettungsroboter bislang in der Luft eingesetzt, und zwar zur Kartografierung und für andere Aufklärungsaufgaben. Transporte in der Luft lassen sich leicht organisieren (besonders in Flughöhen, die sich unterhalb derjenigen bemannter Flugzeuge befinden), normalerweise können Flugzeuge mit Verbrennungsmotoren eingesetzt werden, und der Luftraum konfrontiert einen mit weniger unerwarteten Hindernissen. Bei der Bewegung in Trümmern stellt hingegen die Lebensdauer von Batterien ein Problem dar, besonders wenn ein Roboter dabei auf unerwartete Hindernisse trifft. Das Fehlen von Funkverbindungen unterhalb der Erde oder in zum großen Teil aus Beton, Stein oder Stahl bestehenden Trümmern, stellt ein großes Problem dar, das es häufig erforderlich macht, Halteleinen aus Fieberglas oder Sicherheitsseile (beide verfangen sich leicht in den Trümmern nach einem Desaster) zu verwenden. Besondere Umstände verlangsamen die Fortbewegung eines bestimmten Roboters: Hervorstehende Stangen und Baustahl können zur Folge haben, dass die ungeschützten Ketten von Panzerfahrzeugen von ihren Rädern springen; selbst zottelige Teppiche können ein ernstes Problem sein – nach einer Schlammlawine wurde ein solcher Teppich für einen Such- und Rettungsroboter zum Verhängnis. Asche und Wasser aus Feuerwehrschläuchen können sich verbinden und Oberflächen äußerst glatt werden lassen oder die Kameralinsen eines Roboters trüben. Indem wir einige der Herausforderungen betrachten, die sich bei der Konstruktion von Such- und Rettungsrobotern stellen, können wir uns bewusst werden, wie riesig das Potenzial dieses Arbeitsbereichs ist.

## Regeln und Algorithmen

Feuerwehrleute, Polizisten und Such- und Rettungsteams: Sie alle folgen Richtlinien, die festlegen, wie man in einer unübersichtlichen, gefährlichen Situation vorgehen sollte. Welche Räume wann durchsucht werden, welche Sicherheitsmaßnahmen bei welchen Gefahren zu befolgen und welche einzelnen Kommunikationsschritte erforderlich sind – alle diese Aspekte werden durch Training und Erfahrung eingeschärft. Einem Roboter beizubringen, wie er sich in einer einmaligen, verwirrenden und gefährlichen Situation verhalten soll, stellt eine beträchtliche Herausforderung dar. So ist es beispielsweise von kritischer Bedeutung, das Gleichgewicht zwischen dem autonomen und dem benutzergesteuerten Verhalten zu finden. Als nach dem Orkan Katrina Flugdrohnen verwendet wurden, um den strukturellen Zustand von kommerziellen Gebäuden mittlerer Größe zu ermitteln, steuerten beispielsweise auf dem Boden stationierte Piloten die Drohnen. Hätten diese jedoch über die Fähigkeit verfügt, von Wänden automatisch einen Sicherheitsabstand einzuhalten, wäre dies sehr wünschenswert gewesen, um den Stress der Piloten zu verringern, denn sie hatten zwar Blickkontakt zu den Drohnen, mussten aber mit schwierigen Windverhältnissen in der Nähe der beschädigten Gebäude fertig werden. Gutgemeinte Roboterbaupläne wurden in Katastrophenszenarien immer wieder verworfen, wenn es dem Rettungspersonal nicht gelang, die Verwendungsweise der Roboter intuitiv zu erfassen.

## Einrichtung und Wartung

Wie schnell kann ein Such- und Rettungsroboter einsatzbereit gemacht werden? Wie lange braucht eine unerfahrene Bedienungsperson, um seine Batterien zu wechseln? Wo ist das neuste Bedienungshandbuch? Downloads aus dem Internet sind häufig eine hervorragende Lösung, jedoch nicht, wenn es weder Mobilfunk noch Elektrizität, geschweige denn einen Drucker gibt. In welcher Sprache bzw. welchen Sprachen sind die Anweisungen verfasst? Einen zuverlässigen Roboter zu bauen, der in einer Woche mit Staub fertig werden muss und einen Monat später mit Schlamm und extremer Kälte, und der dann ein Jahr lang in einem heißen Lagerhaus abgestellt wird, ist eine große Herausforderung: Es gibt nur wenige Projekte, in denen so viele Betriebsparameter unvorhersehbar sind.

## Wo bin ich?

Naturkatastrophen verändern eine Landschaft in mehrfacher Hinsicht. Eine dringende Aufgabe bei der Erstreaktion auf eine Umweltkatastrophe besteht darin, die angetroffene Situation mit dem zu vergleichen, was früher bekannt war. Wurde dieses Gebäude durchsucht? Ist diese Brücke sicher genug, um sie zu Fuß, mit einem Motorrad oder einem Konvoi zu überqueren? Wo befinden sich die Gasleitungen? Sind sie abgeschaltet? Die Entwicklung von Sensoren, Datenstandards und verwandten Einsatzregeln für räumliche Informationen, wie sie von Robotern gesammelt und verwendet werden, ist ein weiteres Ziel mit hoher Priorität, das nicht leicht zu erreichen ist.

## Mobilität

Räder, Beine, Ketten, Flügel und Propeller haben ihre je eigenen Vor- und Nachteile. Weiß man lediglich, dass eine Umgebung unfreundlich sein und eine physische Herausforderung darstellen wird, so erschwert dies sehr die Entscheidung, welche Fortbewegungsmethode für einen Roboter die beste ist. Umkehrbare Roboter, die sich auch wenn ihre Unterseite nach oben zeigt – oder in anderen extremen Positionen – fortbewegen können, sind in engen Räumen gefragt, in denen es häufig unmöglich ist, sich zum Umdrehen rückwärts zu bewegen, und bei denen menschliche Bediener nur eine ungenaue Vorstellung von den Einzelheiten am Einsatzort haben, was eine exakte Fernsteuerung erschwert. Roboter mit Beinen und anderen lebende Organismen nachahmenden Teilen haben zwar in unvorhersehbaren Situationen eine größere Mobilität, stellen den Konstrukteuren jedoch schwer zu erfüllende Herausforderungen. Schlangenähnliche Roboter können sich in äußerst unebenem Geröll zwar sehr gut fortbewegen, sind aber nur schwer zu bauen.

Ein vielversprechender Einsatzbereich für Such- und Rettungsroboter sind Teams, die entweder aus Robotern und Menschen (mit oder ohne Hunden) oder nur aus Robotern bestehen. Ein Hubschrauber oder ein kleines Luftschiff kann aus der Höhe größere Bereiche überschauen, sodass Roboter auf dem Boden darüber informiert werden können, in welcher Nähe zu einem stromführenden Kabel, einem Landungsdamm oder einer anderen Grenze zum Wasser oder einem bereits durchsuchten Gelände sie sich befinden. Die Augen in der Luft ergänzen die Sensoren in den Trümmern. Und obwohl der Geruchssinn keines Roboters es mit dem eines Hundes aufnehmen kann, können

Roboter mit Geruchssensoren in gefährlichen Situationen eingesetzt werden, in denen menschliche Akteure sich des Risikos für sich selbst und ihre vierbeinigen Freunde nicht sicher sind. Schwärme von Robotern, die zur Datenübertragung ein drahtloses, vermaschtes Ad-hoc-Netz* einrichten, können für den Fall, dass ein Mitglied des Schwarms ausfällt, einspringen und größere Bereiche in einer Parallel- statt einer Serienschaltung abdecken. Festzustellen, wie viel menschliches Bedienpersonal erforderlich ist, um eine Gruppe von Robotern zu verwalten, bleibt jedoch eine andauernde Herausforderung.

## Struktur

Wenn man sich vergegenwärtigt, dass ein großer Teil der Weltbevölkerung in der Nähe von Wasser lebt, dass Wasser in verschiedenen Formen eine destruktive Kraft entfaltet und bei der Feuerbekämpfung fast immer eine Rolle spielt: Wie wichtig ist es angesichts dieser Tatsachen, dass ein auf dem Land agierender Roboter wasserfest ist? Normalerweise gibt es einen strukturellen Konflikt zwischen der Wartungsfreundlichkeit eines Roboters und seiner Wider-

* Anm. d. Übers.: In einem vermaschten Netz ist jeder Netzwerkknoten mit mehreren anderen verbunden. Die Informationen werden von Knoten zu Knoten weitergereicht, bis sie ihr Ziel erreicht haben. Ein Ad-hoc-Netz ist ein sich selbst aufbauendes und selbst konfigurierendes Netz.

standsfähigkeit gegen die Beschädigung durch Wasser, spitze Gegenstände oder andere Gefahren. Wie viel Rettungspersonal ist erforderlich, um einen Roboter zu transportieren, in Betrieb zu nehmen und zurückzuholen? Zwischen dem Gewicht, der Lebensdauer seiner Batterie und der Leistungsfähigkeit eines Roboters ist nur schwer ein Kompromiss zu finden. Gegenwärtig können Such- und Rettungsroboter keine schweren Gegenstände heben; und obwohl militärische Rettungsroboter einen verwundeten Soldaten in Sicherheit ziehen können – vorausgesetzt die Verletzungen des Soldaten sind nicht zu schwer –, sind weder militärische noch zivile Rettungsroboter zurzeit in der Lage, Menschen sicher zu transportieren, die eine Stabilisation der Wirbelsäule benötigen, was in den Trümmern von Gebäuden eine häufige Anforderung darstellt.

## Rollen und Modi

Eine noch komplexere Frage bezüglich seiner physikalischen Struktur betrifft die Art und Weise, wie der Such- und Rettungsroboter mit seinem bzw. seinen Bediener(n), mit Hunden und mit Rettungspersonal umgeht, das mit ihm zusammenarbeitet, und – was noch wichtiger ist – *mit der geretteten Person*. Was man früher als »Benutzerschnittstelle« bezeichnete, wird wesentlich komplizierter, wenn ein Roboter mit mehreren Personen in verschiedenen Rollen interagiert. Die Interaktion zwischen Mensch und Roboter ist besonders bei zivilen Such- und Rettungsrobotern von spezieller Bedeutung. Ein militärischer Rettungsroboter wird wahrscheinlich über einen ihm fest zugeordneten Bediener und ein Unterstützungsteam verfügen, die gemeinsam trainiert haben, wie man sich Soldaten nähert, die wissen, wie man gerettet wird. Im Unterschied dazu würden ein Rettungsroboter und sein ziviles Unterstützungsteam am Ort einer Katastrophe wahrscheinlich nicht mit lokalen Einsatzkräften trainiert haben, und sie würden nach einem Zivilisten suchen, der aller Wahrscheinlichkeit nach *keine* Vorstellungen davon hat, wie man sich von einem Roboter finden und in Sicherheit bringen lässt, und dies nicht trainiert haben wird.

Welche Informationen benötigt Bedienungspersonal? Optische Datenströme von einer oder mehreren Rettungsroboterkamera(s) können natürlich nützlich sein, doch man wird nicht davon ausgehen können, dass die Bedienperson sicher genug und nicht zu sehr abgelenkt ist, um sich auf den oder die Monitor(e) zu konzentrieren. Eine Denkrichtung ist der Meinung, dass Bedienpersonen wissen sollten, wie der Roboter seine physische Umgebung sieht, und wie der Betriebszustand des Roboters (Ladezustand der Batterie, Betriebstemperatur) ist. Außerdem sollten sie über ein Bild von der räumlichen Position des Roboters innerhalb eines Unglücksbereichs aus der Vogelperspektive verfügen. Um so viele Informationen sachgerecht zu verarbeiten, benötigen Such- und Rettungsroboter wahrscheinlich mehrere Bedienpersonen, und zwar aus einer Vielzahl von Gründen, die mit der Leistungsfähigkeit, der Ausdauer und dem emotionalen Zustand der den Roboter steuernden Menschen zu tun haben. Eine Untersuchung behauptet, dass eine zweite Bedienperson die Rettungsleistung eines Roboters um das Neunfache steigert.[5] Rechnet man das Support-Team hinzu, so wird das zahlenmäßige Verhältnis zwischen Menschen und Robotern zu einer wichtigen Überlegung.

## In Richtung eines Kontinuum-Modells der Interaktion

Im Gegensatz zu Entweder-oder-Debatten darüber, »ob es sich bei X um einen Roboter handelt oder nicht«, konzentrieren sich neuere Bemühungen auf ein Kontinuum der Mensch-Roboter-Partnerschaft im grauen Bereich zwischen zwei Extremen, von denen das eine wirklich, das andere theoretisch ist. Stellen wir uns als Archetyp des einen Extrems einen neugeborenen Menschen vor, ein rein biologisches Wesen, das über keine Sprache und nur über sehr wenig Wissen verfügt. Stellen wir uns als anderes Extrem ein rein künstliches, körperloses Wesen vor, einen Archetyp, den es in der Realität vielleicht niemals geben wird, wie etwa HAL 9000 im Film *2001: Odyssee im Weltraum*, der zwar über Sinne und eine logische Denkfähigkeit verfügt und handeln (lebenserhaltende Systeme abschalten, Außentüren verriegeln), sich aber nicht bewegen kann.

Der für die Definition der Partnerschaften zwischen Mensch und Roboter interessante Bereich ist das riesige konzeptionelle Feld, das zwischen diesen beiden Extremen liegt: Kombinationen von Sensoren und Sinnesorganen, Erkenntnis und Logik sowie Handlungen, die entweder durch Knochen und Muskeln oder durch Hydraulik und Motoren zustande kommen. Zentrale Fragen tauchen bezüglich der Hilfeleistung, der Kompetenz und der Verantwortung innerhalb dieser Partnerschaften auf. Welcher Partner hilft dem anderen, und auf welche Weise? Welcher Partner hat letztlich die Kontrolle? Und was kann eine bestimmte Partnerschaft erreichen, das keinem Partner für sich allein möglich wäre?

Zwei kurze Beispiele veranschaulichen die Nützlichkeit der hybriden Zugangsweise zu Mensch-Roboter-Partnerschaften.

1. Wenn ein Kunde Geld aus einem Geldautomaten holt, gibt der Mensch Schlüsselfähigkeiten an den Roboter ab und macht dadurch die Interaktion zwischen Kunde und Geldautomat zu einer Mensch-Roboter-Partnerschaft. Dasselbe gilt für Smartphones und andere GPS-Navigationssysteme. Der Computer reagiert auf die Anfrage seines menschli-

chen Partners, nimmt wahr, wo im Raum der Mensch sich befindet, berechnet eine Route, und vertraut darauf, dass der Mensch den Richtungsangaben folgt, was den letzten notwendigen Schritt zur Erfüllung von dessen Anfrage darstellt.
2. Erhält ein Mensch eine biomedizinische Augmentation (ein Cochlea-Implantat, einen Roboterarm oder wie Stephen Hawking einen Rollstuhl/Sprachsynthesizer), so taucht, wie sehr sich die Mensch-Technologie-Partnerschaft auch auf Roboter stützt, niemals die Frage der Menschlichkeit – und Autonomie – des menschlichen Partners innerhalb der Partnerschaft auf.

Es gibt viele Grauzonen in den Partnerschaften zwischen Mensch und Roboter, egal ob sie sich auf Laufprothesen aus Carbonfasern, die Gesichtserkennung durch Google-Brillen oder automatisierte Aktienhandelsalgorithmen stützen. Statt sich Sorgen über binäre Definitionen zu machen, kann eine informierte und abgewogene Debatte uns dabei helfen, den Platz und die Grenzen sowohl des augmentierten Menschseins als auch der humanisierten Automaten zu klären.

Um nur eine Frage vorzuschlagen, die man in dieser Diskussion stellen könnte: Wie bald wird es »unbegrenzte« Kategorien athletischer Wettbewerbe geben, ähnlich wie es sie bei Wettbewerben in Motorsportarten gibt? Außenskelette, Prothesen und verschiedene Implantate könnten für neue Wettbewerbsklassen augmentierter Athleten rechtlich zugelassen werden.

Hierbei sollten wir Folgendes beachten: Hat die Diskussion der Mensch-Roboter-Partnerschaften Menschen und Roboter erst einmal auf einem Kontinuum angesiedelt, so steht die Tür für pharmazeutische und medizinische Augmentation offen. Steroide, menschliche Wachstumshormone und Bluttransfusionen können die Leistung des menschlichen Bewegungsapparats durch eine Vielzahl von Mechanismen verbessern. Beta-Blocker werden schon seit langem für Menschen empfohlen (oder von ihnen sich selbst verordnet), die starke negative Reaktionen auf das Sprechen in der Öffentlichkeit oder öffentliche Auftritte haben. Neue Medikamente gegen posttraumatische Belastungsstörungen könnten Menschen, die ihre traumatischen Erlebnisse immer wieder neu erleben oder davon träumen, dazu in die Lage versetzen, diese Erlebnisse zu vergessen. Jedes Jahr werden Dutzende von Millionen Rezepte für Medikamente zur Behandlung der Aufmerksamkeitsdefizit/Hyperaktivitätsstörung (ADHS) ausgestellt. Viele dieser Tabletten werden von Menschen eingenommen, die nicht unter diesen Symptomen leiden, sei es zur Hebung ihrer Stimmung oder zur Verbesserung ihrer Leistung (Schüler, die vor Klausuren den Lernstoff pauken, Athleten, die einen zusätzlichen Vorsprung suchen). Profis im American Football haben in den USA Spielverbot bekommen, insbesondere weil sie eines dieser Medikamente, Adderall, eingenommen hatten.[6] Der Punkt, um den es hierbei geht, ist dieser: Die Diskussion über die menschliche Augmentation in vielen Wettbewerbssituationen ist weit hinter der Realität der verschiedenen zulässigen und illegalen Mittel, die zur Verfügung stehen, um sie zu erreichen, zurückgeblieben. Die Augmentation durch Roboter ist in mancher Beziehung lediglich eine unter mehreren anderen Kategorien.

## Computergesteuerte mechanische Augmentation

Eine Kategorie der Mensch-Roboter-Partnerschaften besteht in der Computer einbeziehenden mechanischen Unterstützung eines Menschen. Möglicherweise sind diese Menschen behindert, oft jedoch auch nicht. Schon früh hat sich der Mensch die Hebelgesetze zunutze gemacht, um Maschinen zu bauen, die die Kraft seiner *Muskeln* verstärkten und schließlich fast vollständig ersetzten: beim Anbau von Getreide, bei der Gewinnung natürlicher Ressourcen sowie bei der Umgestaltung der Umwelt zum Nutzen des Menschen. Aller Wahrscheinlichkeit nach seit der Verwendung von Schreibgriffeln hat eine Reihe von Werkzeugen auch die Leistung des menschlichen *Gehirns* unterstützt und weitestgehend ersetzt: Ein Oberstufenschüler mit einem billigen Taschenrechner kann einfache mathematische Aufgaben wesentlich besser lösen als ein promovierter Mathematiker ohne einen Taschenrechner. Computergestützte soziale Netzwerke können helfen, Verbrechen aufzuklären, Wahlergebnisse vorherzusagen und komplexe Probleme zu lösen. Der Roboter kombiniert diese Formen der Unterstützung und der Augmentation der Fähigkeiten des Menschen: seiner Muskelkraft und Denkleistung.

Mit etwas anderen Worten: Maschinen sind Kraftmultiplikatoren. Einzelne und vernetzte Computer vermehren und verstärken kognitive Fähigkeiten. Wenn sich der Einsatz von Computern in drei Dimensionen vollzieht, multiplizieren robotergestützte Technologien die Präsenz, und erlauben es Menschen auf diese Weise, die physikalische Wirklichkeit aus der Ferne wahrzunehmen, zu beobachten, zu analysieren und darauf einzuwirken.

Im Jahr 2012 malte sich Steve Cousins, der damalige Direktor der humanoide Roboter herstellenden Startup-Firma *Willow Garage* eine nahe Zukunft aus, in der die Videokonferenzroboter seines Unternehmens die Telepräsenz überschreiten und es Menschen ermöglichen würden, konkrete Aufgaben aus der Ferne zu erledigen, statt nur zu sehen, was geschieht.[7] Indem wir die Frage stellen: »Was ist das Wesen der Mensch-Roboter-Partnerschaft?«, können wir tiefer in Fragen eindringen, in denen es um die Kosten, Vorteile und Risiken von Robotern geht; die Zuweisung von Ressourcen; ethische Fragen, insbesondere bezüglich der Handlungsfähigkeit; sowie in andere Fragen, auf die bislang noch nicht eingegangen wurde.

## Der Fall der Chirurgie

Das weitaus offensichtlichste Beispiel für die Technologie robotergestützter medizinischer Behandlung, das Chirurgiesystem da Vinci, ist in Wirklichkeit kein Roboter. Es kann sich weder autonom bewegen noch irgendeine Bewegung selbstständig ausführen. Ähnlich wie die an späterer Stelle beschriebenen Prothesen ist die robotergestützte Erweiterung der menschlichen Fähigkeiten, die das da Vinci System ermöglicht, jedoch leistungsstark genug, um an dieser Stelle unsere Aufmerksamkeit zu verdienen. Außerdem ist eine Robotertechnologie, die in den Marketing-Bemühungen von Krankenhäusern (inklusive auf großen Plakaten) eine prominente Rolle spielt, unserer Aufmerksamkeit wert, und sei es auch nur, weil die Bezeichnung »Roboter« hilft, der öffentlichen Diskussion in diesem Bereich eine Form zu verleihen.

Das da Vinci System wurde im Rahmen einer militärischen Initiative entwickelt, in der es darum ging zu prüfen, ob es möglich sei, Chirurgen aus medizinischen Einrichtungen in Frontnähe abzuziehen und sich gleichzeitig so schnell wie möglich um verwundete Soldaten zu kümmern. Obwohl dieses Ziel aufgegeben wurde, führte es zur Ent-

Indem wir die Frage stellen: »Was ist das Wesen der Mensch-Roboter-Partnerschaft?«, können wir tiefer in Fragen eindringen, in denen es um die Kosten, Vorteile und Risiken von Robotern geht.

wicklung von Roboterarmen mit Sensoren, von Instrumenten und verschiedenen anderen Werkzeugen unter der Kontrolle eines Chirurgen, der an einer Konsole saß.

Als das System gegen Ende der 1990er Jahre auf den Markt kam, wurde behauptet, die robotergestützte Chirurgie markiere, nach der offenen Chirurgie und minimalinvasiven Techniken wie beispielsweise Laparoskopien, ein drittes Stadium der chirurgischen Verfahren. Obwohl es sich ebenfalls um eine Form minimalinvasiver Chirurgie handelt, erlaubt das da Vinci System dem Chirurgen – im Gegensatz zu einigen älteren Formen – im Direkt- statt im Spiegelbildmodus zu arbeiten, sodass eine Bewegung des Joysticks an der Konsole nach rechts zum Beispiel bedeutet, dass sich das Instrument im Operationsfeld ebenfalls nach rechts bewegt. Auf diese Weise fungieren die robotergestützten Funktionen, die die Fähigkeiten des Chirurgen steigern, als Erweiterungen der Augen und Hände des Chirurgen.

Da es schon seit mehr als zehn Jahren vertrieben wird, bietet das da Vinci System anderen Roboterfirmen, die noch im Begriff sind, alternative Geschäftsmodelle zu prüfen, einige nützliche wirtschaftliche Daten. Das Gerät selbst kostet, je nach Auslieferungsort und Konfiguration, zwischen einer und 2,3 Millionen Dollar. Außerdem hat das System Komponenten, die sich abnutzen, und Zubehörprodukte, wie zum Beispiel Spitzen, die nach jeder Operation ersetzt werden müssen, sodass der Umfang der Verbrauchsmaterialien und Ersatzteile für ständige weitere

Einnahmen sorgt (in wirtschaftlicher Hinsicht stellen diese Verkäufe eine Form von Produktbindung dar, da es keine alternativen Anbieter gibt, die preislich konkurrieren könnten). Und schließlich gibt es noch einen jährlichen Wartungsvertrag in Höhe von 100 000 bis 170 000 Dollar pro Maschine. Wie häufig wird das System verwendet? Im Jahr 2014 wurde das System für 449 000 Eingriffe eingesetzt, verglichen mit 367 000 im Jahr 2012. Am 31. Dezember des Jahres 2014 betrug die Anzahl der installierten da Vinci Operationssysteme 3266.[8]

Es gibt große wirtschaftliche Anreize, die Geräte von Intuitive Surgical so viel wie möglich zu verwenden; und dies trotz der Tatsache, dass es an Belegen dafür fehlt, dass mit den hohen Kosten roboterassistierter Chirurgie auch bessere Ergebnisse einhergehen.[9] So machen zum Beispiel Prostata-Operationen einen großen Prozentsatz der Verwendungen des da Vinci Systems aus. Laut dem *Journal of Clinical Oncology* (2012) sind Inkontinenz und Impotenz sowohl nach roboterassistierten als auch konventionellen laparoskopischen Operationen häufige Erscheinungen. Ferner behauptete das *Journal of the American Medical Association* im Jahr 2013, dass es »sich bislang nicht erwiesen hat, dass roboterassistierte Hysterektomien effektiver sind als laparoskopische.« Zum Teil wegen des großen Bekanntheitsgrads des da Vinci Chirurgiesystems berechnen Krankenhäuser für eine Operation mit dem System jedoch bis zum Doppelten der Kosten, die für eine konventionelle Operation anfallen, und Versicherungen haben bis heute mehr für das Verfahren bezahlt, ebenfalls ohne Belege für bessere Ausgänge der Operationen.[10]

## Prothesen

Fortschritte auf dem Gebiet der Prothetik hängen von der Entwicklung aller drei Aspekte ab, die einen Roboter ausmachen, d. h. der Wahrnehmung, der logischen Funktionen und der Handlungsfähigkeit. Die Fortschritte hinsichtlich jedes dieser Aspekte sind an einem Punkt angelangt, an dem es möglich geworden ist, die Realisierbarkeit bewusstseinsgesteuerter Roboterprothesen zu demonstrieren. Insbesondere können Sensoren, die die Nervenimpulse im Amputationsstumpf eines Patienten registrieren, zur Steuerung von Arm-, Hand- und Beinprothesen verwendet werden. Die Forschung und Entwicklung auf diesem Gebiet wird in zahlreichen Ländern vorangetrieben, einschließlich Israel, Schweden und Großbritannien sowie in den Vereinigten Staaten von Amerika.

Ein Merkmal der Nahostkriege im ersten Jahrzehnt des 21. Jahrhunderts waren die beeindruckenden Fortschritte in der Versorgung verwundeter Soldaten: Verglichen mit den in Vietnam verwundeten Soldaten, von denen nur 76 % überlebten, hatten im Irakkrieg verletzte Soldaten eine 90 %ige Überlebenschance, obwohl es weniger Sanitäter und Ärzte pro Patient gab.[11] Diese hohe Überlebensrate wurde jedoch um den Preis Tausender Amputationen erzielt. Die Betroffenen waren Opfer von improvisierten Sprengkörpern, Minen und anderen Waffen der asymmetrischen Kriegsführung. Da diese jungen amputierten Menschen ansonsten die psychische und körperliche Belastung von Krücken oder eines Lebens im Rollstuhl von vielleicht 60 oder noch mehr Jahren vor sich hätten, ist die Entwicklung leistungsfähiger Prothesen, die robotergestützte Technologien nutzen – einschließlich der Gehirn-Signal-Schnittstellen[12] – ein Forschungsgebiet von hoher Priorität.

Zusätzlich zu robotergesteuerten Gliedmaßen können Exoskelette wie ReWalk Patienten, die intakte Gliedmaßen mit eingeschränkter Funktion haben (besonders Querschnittsgelähmte) beim Gehen unterstützen. 2012 legte eine gelähmte Frau die Strecke des Londoner Marathons mit ReWalk in 16 Tagen zurück. Das System, das gegenwärtig etwa 85 000 Dollar kostet, ist für die Verwendung in medizinischen Einrichtungen unter der Aufsicht eines Physiotherapeuten oder einer Person mit vergleichbarer Qualifikation zugelassen. In Zukunft werden Patienten diese Gehhilfen vielleicht auch zu Hause verwenden können. Für weniger schwer behinderte Personen, deren Muskeln schwach sind, hat Honda Stride Assist und Bodyweight Support Assist entwickelt, um ihnen beim Gehen zu helfen; es ist jedoch noch nicht absehbar, wann diese Geräte kommerziell verfügbar sein werden.

## Hilfe im Alltag

Roboter, die Menschen bei der Alltagsbewältigung helfen, fördern die Unabhängigkeit, besonders älterer Menschen, die kein Familienmitglied in der Nähe wohnen haben. Obwohl die Fähigkeiten solcher Hilfsroboter wichtig sind, sind es ebenso die Einstellungen derjenigen, die eine solche Unterstützung erfahren. Eine neuere Untersuchung an der technischen Hochschule von Georgia legt nahe, dass körperlich behinderte Menschen in den USA zwar bei Aufgaben wie dem Putzen die Hilfe von Robotern begrüßen, sich aber dennoch lieber von Menschen helfen lassen, wenn es darum geht, sich zu bewegen, zu essen oder ein Bad zu nehmen. Pflegepersonal zieht es seinerseits offensichtlich vor, mit der Unterstützung von Robotern zu arbeiten, statt durch sie ersetzt zu werden.[13]

Ein Roboter, der für die Unterstützung im Haushalt entworfen wurde, ist der Yurina von Japan Logic Machine. Der Roboter wurde im Jahr 2010 angekündigt. Er kann nicht zu schwere Erwachsene aus dem Bett heben, sie tragen (zum Beispiel zu einer Badewanne) oder ihnen als motorisierter Rollstuhl dienen. Wie bei anderen medizinischen Robotern steht allerdings auch in diesem Fall nicht fest, wann Yurina kommerziell verfügbar sein wird.[14] Angesichts der Gefahren, die mit dem Heben von Patienten verbunden sind, würde eine solche Hilfe von Pflegepersonal möglicherweise mit breiter Zustimmung begrüßt werden.

Bestic, ein Roboter, der beim Essen hilft, wird von einer schwedischen Firma produziert, deren Gründer in der Funktion seiner Arme eingeschränkt war, nachdem er als Teenager Kinderlähmung bekommen hatte. Da Essen für die soziale Interaktion so wichtig ist, trägt die Selbstständigkeit bei einer Mahlzeit gleich auf mehreren Ebenen zum Wohlbefinden bei. Der Bestic sitzt auf dem Tisch und hat ein weißes, sauberes Design und kann über Fußpedale, Schalter, einen Joystick und möglicherweise auch durch Sprache gesteuert werden. Der Roboter MySpoon aus Japan führt ähnliche Funktionen aus.[15] Persönliche Roboter, die einen beim Essen unterstützen, sind angesichts der weltweit großen Unterschiede in den Tafelbestecken, Lebensmittelkonsistenzen und Essgewohnheiten äußerst kulturspezifisch.

Ein Faktor, der die Auswahl der technischen Unterstützung mitbestimmt, sind die eingebetteten psychologischen Signale, die mit einer bestimmten Technologie verbunden sind. In einem Rollstuhl zu sitzen – ganz gleich, wie viel Robotertechnologie darin installiert ist – bedeutet, dass man einem stehenden Erwachsenen nicht in die Augen schauen kann. Roboterunterstützte Gehhilfen, wie zum Beispiel Exoskelette, verändern die Haltung (im doppelten Sinne des Wortes) eines Patienten im Verhältnis zu seiner Umgebung.[16] Viele ältere Menschen benötigen ein wenig Hilfe, um von einem Stuhl aufzustehen, und der robuLAB-10 des französischen Unternehmens Robosoft hat gezeigt, dass er diese Aufgabe wirksam erfüllen kann. Gemeinsam mit mehreren anderen robotergestützten Geräten ist der robuLAB-10 zur Verwendung in Rehabilitationskliniken bestimmt, doch der Markt entwickelt sich nur langsam. Wenn die Software besser wird, Sicherheitsmaßnahmen in umfangreichen Versuchen getestet, Fragen der Haftung geklärt und andere Barrieren, die einer breiteren Übernahme im Wege stehen, überwunden wurden, kann man sich solche Geräte leicht in Privatwohnungen vorstellen.

Angesichts der Geschwindigkeit, mit der in vielen industrialisierten Ländern die ältere Bevölkerung zunimmt, und der Entwicklungen, die Bereiche der Roboterwissenschaft voranbringen können (bessere Motoren, gemeinsame Softwarebibliotheken, neue Materialien, Bewusstsein-Computer-Schnittstellen), sollte es bei die Selbstständigkeit verbessernden Robotern zügig zu weiteren Innovationen kommen.

## Überwachung

Roboter, die in der Altenpflege eingesetzt werden, führen häufig mehrere Funktionen aus. Obwohl der CareBot von GeckoSystems keine Pflegefunktionen ausführt, kann er Personen beobachten und Feedback über ihr Verhalten liefern, oder sie daran erinnern zu essen, ein Medikament zu nehmen, oder die Katze ins Haus zu lassen. Der Roboter

Giraffe stammt von einer schwedischen Universität. Dies ist ein Altenhilferoboter, der den Blutdruck messen, die Bewegungen eines Menschen aufzeichnen (sowie die regulären Schlafzeiten einer Person erlernen) und eine Warnmeldung senden kann, wenn die Person fallen sollte oder sich nicht mehr bewegen kann.

## Gemeinschaft

Ein kurzer Blick auf die Alterspyramide in den industrialisierten Ländern gibt eine zeitlich schnell näher rückende Notsituation zu erkennen: Wie soll eine Bevölkerung von alten Menschen versorgt werden, die aufgrund von Verbesserungen der Ernährung und der Gesundheitsvorsorge länger leben als je zuvor, wenn es verhältnismäßig immer weniger Menschen im arbeitsfähigen Alter gibt, die eine wachsende, nicht mehr im Arbeitsprozess stehende Bevölkerung unterstützen müssen? Japan ist hierfür ein eindringliches Beispiel: Der Anteil der Personen, die mehr als 65 Jahre alt sind, wuchs von 5 % im Jahre 1950 auf 23 % im Jahre 2010 an, und er könnte im Jahre 2050 bis zu 40 % der Bevölkerung betragen.

Einerseits muss die wirtschaftliche Produktivität der Bevölkerung im arbeitsfähigen Alter in Japan und vielen anderen Industrieländern höher werden, um die wachsende Zahl der Menschen im Ruhestand zu versorgen; Ersparnisse allein werden dafür nicht ausreichen. Andererseits würden sich, wenn Schwesternhelfer und anderes Pflegepersonal im gegenwärtigen Umfang bereitgestellt würden, ein Arbeitskräftemangel und ein wirtschaftliches Ungleichgewicht ergeben. Hier könnten Pflegeroboter, die den Bedarf an Pflegepersonal verringern, und eine größere Zahl von Industrie- und Dienstleistungsrobotern dabei helfen, die Wirtschaft von Ländern, zu deren Bevölkerung immer mehr ältere Menschen gehören, wieder ins Gleichgewicht zu bringen.

Der Roboter Paro ist ein Stofftier, das wie eine junge Sattelrobbe aussieht (vgl. Abb. 8.1). Er wurde vom Nationalen Institut für fortgeschrittene Wissenschaft und Technik (AIST)* entwickelt, einer staatlichen japanischen Forschungseinrichtung. Laut dem *Wall Street Journal* kostete seine Entwicklung etwa 15 Millionen Dollar.[17]

Nach ihrer Einführung im Jahre 2003 befinden sich Paro-Roboter mittlerweile in der achten Generation und kosten pro Stück etwa 6000 Dollar. Der Paro wurde aufgrund der Annahme gebaut, dass die Vorzüge einer Tiertherapie ohne die Komplikationen der Haltung einer großen Anzahl von Tieren in einer institutionellen Umgebung realisiert werden könnten.

---

* National Institute of Advanced Science and Technology

**Abbildung 8.1** Paro Altenpflegeroboter. Foto: Universität von Kalifornien, Irvine, mit Genehmigung von Creative Commons.

Der Paro verfügt über fünf verschiedene Sensoren zur Wahrnehmung von:

- Berührung
- Licht
- Geräuschen
- Temperatur
- Körperhaltung

Da es sich um einen Roboter im strengsten Sinne dieses Wortes handelt, kann der Paro zwischen hell und dunkel unterscheiden und damit auch Schlafrhythmen erkennen, und zwar sowohl seine eigenen als auch die eines Menschen. Wenn ein Mensch ihn streichelt oder mit ihm spricht, kann der Paro die Absicht erkennen, und mit Gesten und Geräuschen entsprechend darauf reagieren. Der Körper und der Gesichtsausdruck des Roboters verbreiten eine positive Atmosphäre und auf einige alte Menschen, besonders solche mit bestimmten Formen von Demenz, soll er eine beruhigende Wirkung haben.

Obwohl der Paro so niedlich und kuschelig ist, hat er sich dennoch als kontrovers erwiesen. Einige Kritiker weisen darauf hin, dass es nicht authentisch sei, wenn Menschen einen leblosen Gegenstand »lieben«.[18] Andere verleihen ihrer Sorge darüber Ausdruck, dass Angehörige des Pflegepersonals – und insbesondere die Kinder älterer Menschen – nicht länger das Bedürfnis fühlen, sinnvollen menschlichen Kontakt zu gewähren, wenn die alten Menschen den Paro annehmen. Sie könnten sich stattdessen sagen, wie es ein Artikel zu diesem Thema formulierte: »Mach' dir um Oma keine Sorgen. Wenn sie mit jemandem sprechen will, hat sie ja den Roboter.«[19]

## Zentauren

In manchen Fällen von Mensch-Roboter-Partnerschaften ergänzen sich der Mensch und der Roboter gegenseitig. Eine fast gleichberechtigte Arbeitsteilung zwischen den Partnern – obwohl in ihren Möglichkeiten vielversprechend – erweist sich als komplex und daher schwer erreichbar. Die Vision einer solchen Partnerschaft ist in der akademischen Literatur recht gut ausgebildet. Der Roboterwissenschaftler George Bekey von der Universität von Südkalifornien schrieb im Jahre 2005: »Wir erwarten eine Symbiose von Mensch und Roboter, in der es natürlich sein wird, Kooperation zwischen Robotern und Menschen sowohl bei einfachen als auch bei komplexen Aufgaben zu finden.«[20] In jüngerer Zeit haben Erik Brynjolfsson und Andrew McAfee vom MIT vorausgesagt, dass »das zweite Maschinenzeitalter durch zahllose Fälle von maschineller Intelligenz und Milliarden von miteinander verbundenen Gehirnen gekennzeichnet sein wird, die zusammenarbeiten, um unsere Welt besser zu verstehen und zu optimieren.«[21]

Um diese Art von Partnerschaft zu begreifen, hilft es zu fragen: »Wer bringt die bessere Leistung: ein Computer oder ein Mensch?« Die kurze Antwort ist offensichtlich: Das hängt von der Aufgabe ab. Computer sind mittlerweile fraglos besser im Schachspiel als irgendein Mensch mit der Spielerfahrung eines Großmeisters, und der höchst sichtbare Triumph von IBMs Computer *Watson* über die besten *Jeopardy!*-Spieler zeigt, wie künstliche Intelligenz auf einen sprachlich komplizierten Wettbewerb angewendet werden kann, in dem es um belangloses Alltagswissen geht.

Was könnte als nächstes kommen? Zu Beginn des Jahres 2015 traten vier der weltbesten Pokerspieler in einem Marathon gegen einen Computer der Carnegie Mellon Universität an. Bedenkt man die Schwierigkeiten, die das Pokerspiel, wenn man es nach den Regeln von kein Limit Texas hold' em spielt, mit sich bringt, waren die Forscher zwar keineswegs überrascht, dass das Ergebnis keine vernichtende Niederlage wie im Falle des *Jeopardy!*-Wettbewerbs war, der statistische Gleichstand ließ sie jedoch hocherfreut sein. Jeder Spieler spielte 20 000 Blätter; insgesamt wurden während des zweiwöchigen Wettbewerbs Chips im Wert von 170 Millionen Dollar verwettet. Im Endergebnis hatten die menschlichen Spieler einen Vorsprung von weniger als einer Million Dollar, obwohl der Computer hohe Risiken einging, wie etwa 19 000 Dollar einzusetzen, um einen Gewinntopf mit 700 Dollar zu bekommen.[22]

Die lange Antwort auf die Frage »Wer ist leistungsstärker« kristallisiert sich heraus: ein Team aus beiden. Der Ausdruck »Zentauren« ist eine nützliche Beschreibung eines Mensch-Roboter-Teams, in dem beide Team-Mitglieder das tun, was sie am besten können. Es zeigt sich, dass Teams aus Menschen *und* Robotern leistungsstärker sind als Teams die *entweder* aus Menschen *oder* aus Robotern bestehen. Im Folgenden sind vier Bereiche aufgeführt, in denen Fortschritte schneller erzielt werden, als gemeinhin bekannt ist.

1. Audi hat sich mit dem Labor der Stanford Universität für autonome Fahrzeuge zusammengetan, um einen Rennwagen zu entwickeln, der einen menschlichen Fahrer von der Qualität eines Mitglieds in einem Autoclub hinter sich lassen kann. Da es noch keinen direkten Wettbewerb zwischen Mensch und Roboter gegeben hat, sind bisher weder das Adrenalin noch die Renntechniken, die in einem Wettkampf aus rein menschlichen Fahrern normal sind, ins Spiel gekommen. Der Audi folgt einfach einer vorprogrammierten Linie mit vorprogrammierten Parametern: Noch hat er kein echtes Rennen gefahren und gewonnen.[23] Das Zentaurenmodell ist hier gut entwickelt: die Stabilitätskontrolle, blockierungssichere Bremsen und hochentwickelte Kontrollsysteme für Allradantriebe verstärken sämtlich

die Fähigkeiten eines menschlichen Fahrers. Mit Ausnahme von Vintage-Modellen ist es schwer Autos zu finden, die nicht einem Zentauren ähneln.

2. Im Internet gibt es zahllose Bilder: Einige von ihnen sind unglaublich schön. Forscher an den Yahoo-Labors und an der Universität von Barcelona haben einen Algorithmus gefunden, mit dem man Bilddatenbanken durchsuchen und schöne, aber nicht ausreichend gewürdigte Bilder finden kann, indem man die Ergebnisse von Trainingssitzungen mit menschlichen »Voten« verwendet.[24] Wie die Zeitschrift *Economist* bemerkte, vollzieht sich auf dem Feld des maschinellen Lernens selbst eine schnelle Verbesserung, zum Teil durch den Vorgang des »tiefen Lernens«, wie er von den riesigen Internetfirmen mit gigantischen Datenmengen und praktisch unbegrenzten Rechenressourcen entwickelt wird. Google und Facebook sind vertraute Namen auf dieser Liste. Das chinesische Webdienstleistungen-Unternehmen Baidu ist ein Neuling auf dem Gebiet des durch künstliche Intelligenz unterstützten Mensch-Roboter-Teamworks, nachdem es einige weithin bekannt gewordene Akquisitionen getätigt hat.[25]

3. Seit Deep Blue Garry Kasparow besiegt hat, ist Schach nie wieder dasselbe Spiel gewesen, zum Teil aufgrund eines Softwarefehlers, der Kasparow zu

der Schlussfolgerung verleitete, die Maschine sei wesentlich intelligenter als er, statt dass der Computer irgendwie einen dummen Zug gemacht hatte.[26] Seit etwa 2013 haben Zentauren-Teams mit durchschnittlichen Spielern und guter Software sowohl Großmeister als auch Computer besiegen können. Bei dieser Art von Wettbewerb hat sich die Zentauren-Terminologie erstmals etabliert.[27]

4. Exoskelette kommen zwar in Hollywood Science-Fiction-Filmen regelmäßig vor, doch Roboter, die einen menschlichen Körper umschließen und seine Fähigkeiten verbessern, kommen auch in verschiedenen Alltagsbereichen zur Anwendung:

- bei der Rehabilitation von Schlaganfall-, amputierten und gelähmten Patienten.
- bei der physischen Unterstützung von Soldaten, sodass diese länger marschieren oder laufen können und dabei weniger ermüden (DARPA), und bei gesunden Menschen, beispielsweise zur Erhöhung ihrer Kraft beim Heben von Gegenständen (militärische und andere Kontexte).
- in der robotergestützten Chirurgie. Das da Vinci Chirurgiesystem ist ein Art von spezialisiertem Exoskelett, das die Fingerbewegungen eines Arztes lediglich in präzisere Bewegungen im Operationsfeld übersetzt.

Eine große Herausforderung, mit der sich die Konstrukteure von tragbaren Exoskeletten konfrontiert sehen, besteht darin, die Kraftquelle so leicht zu machen, dass sie im menschlichen Maßstab funktionsfähig ist. In einem Lagerhaus beträgt das Gewicht eines Gabelstaplers typischerweise das 1,6- bis 2fache des Gewichts, das mit ihm transportiert werden soll. Für einen 75 kg schweren Menschen, der 100 weitere Kilogramm tragen können soll, würde dieses Verhältnis für das Exoskelett des Menschen ein Gewicht von etwa 350 kg bedeuten, ohne Last, sodass das vollbeladene Gesamtpaket etwa 450 kg (oder fast eine halbe Tonne) wiegen würde. Das Batteriegewicht zu reduzieren ist der schnellste Weg zur Verringerung des Gesamtgewichts: Ein großer Teil der Batterieleistung würde dafür aufgewendet werden müssen, allein die Batterie selbst und einen Rahmen zu tragen, der die Batterie halten könnte.

Es wird interessant sein zu beobachten, wie Roboter- und Computerwissenschaftler den Cyberaspekt des Zentauren gestalten werden, indem sie menschliche Stärken optimieren, die auf nicht vorhersehbare Weise ausgedrückt werden könnten. Auf ähnliche Weise könnte es schwierig sein, einen Menschen dazu zu trainieren, in bestimmten Situationen einen Teil der Aufgabe einer Maschine zu überlassen, und die Zentaurenbeziehung nicht infrage zu stellen. In anderen Situationen (wie zum Beispiel bei der Antriebssteuerung in heutigen Autos) wird die Leistung des Menschen schon jetzt verbessert, und er weiß es noch nicht einmal. Wenn sie in Experimenten ausdrücklich danach gefragt werden, zögern Menschen allerdings, sich dem Urteil einer Maschine anzuvertrauen.[28]

Gleichzeitig werden Zentauren sowohl mit dem unbegrenzten Vorrat menschlicher Dummheit als auch mit den Grenzen rein rechnerischer Klugheit rechnen müssen. Was werden selbstfahrende Autos tun, wenn sie einem betrunkenen Fahrer begegnen, der auf einer zweispurigen Autobahn in die falsche Richtung fährt? Und was wird die Wall Street tun, wenn programmatische Handelsroboter auf den Schachzug eines cleveren Tageshändlers auf eine unbeständige, unvorhersehbare Weise reagieren? Der »Flash Crash« von 2010 scheint durch eine Person in England ausgelöst worden zu sein, die angeblich genug Aufträge vorgetäuscht hat – manuell statt algorithmisch –, um ein unberechenbares Verhalten eines Blackbox-Systems auszulösen, das den gesamten Markt gestört hat. (Der Schachzug scheint übrigens funktioniert zu haben: Der Tageshändler hat in vier Jahren 40 Millionen Dollar verdient.)[29] Der Punkt, um den es hierbei geht, ist, dass die überraschenden Interaktionen zwischen dummen oder intelligenten Menschen und fehlbaren computerisierten Maschinen für die kommenden Jahrzehnte ein höchst kompliziertes Terrain darstellen werden.

## Komplikationen

Da sie ihre Wurzeln in den bis in das Altertum zurückreichenden Bemühungen hat, menschliche Fähigkeiten aus unbelebtem Material zu erschaffen, muss die Roboterwissenschaft des 21. Jahrhunderts in einem alles umfassenden Gesamtkontext verstanden werden, der von Frankensteins Kreatur bis hin zu Werkzeugmaschinen reicht. Angesichts dieser reichen und komplizierten Vorgeschichte ist es nach wie vor unmöglich, zu einem definitiven Verständnis dessen zu gelangen, wie Roboter und Menschen zusammenarbeiten können und könnten. Wegweisende Forschungen in einer Vielzahl von Fachrichtungen lassen jedoch einige vielversprechende Richtungen vermuten.

Im Gegensatz zu anderen Werkzeugkategorien, werfen sich unter Menschen bewegende Computer deutlich andere Probleme auf, als dies bei rein mechanischen Geräten der Fall ist. Zwei Phänomene sind in diesem Zusammenhang von Interesse.

## Unheimlichkeit

Das »unheimliche Tal« bezieht sich auf Computeranimationen und Roboter, die äußerst lebensähnlich sind, bei Menschen aber Irritationen auslösen. Ein klassisches Beispiel für den ersten Fall – in deutlichem Gegensatz zu den von Hand gezeichneten Disney-Animationen mit geringer Auflösung, die nicht besonders lebensähnlich sind, aber immer neue Generationen begeistern – ist die digitale Animation des Tom Hanks nachempfundenen Zugführers in *The Polar Express*. Unabhängig von der Anzahl der Pixel und von den Geräten zur Aufzeichnung von Körperbewegungen, die dazu eingesetzt wurden, die Stimme von Hanks zu digitalisieren, waren bestimmte Augenmuskeln und andere Gesichtsbewegungen und Nuancierungen der Animation für die Betrachter beunruhigend: Die größere technische Leistung führte nicht zu einer größeren Attraktivität der Figur, obwohl dies in früheren Computeranimationen im Allgemeinen so war.

Das Gleiche gilt für Roboter. Hautpolymere oder Gesichtsbewegungen, die zu lebensähnlich sind, können Menschen abstoßen, und zwar aus Gründen, die – obwohl sie evident sind – nicht vollkommen verstanden werden. Aus diesem Grund ist Jibo, der 2014 eingeführte »Familienroboter«, wesentlich weniger menschenähnlich als sein in Laborexperimenten verwendeter Vorgänger Kismet (vgl. Abb. 8.2, A und B).

## Der anthropomorphe Effekt

Schon bevor die Computer in Form mobiler Roboter ihre Gehäuse verließen, haben Menschen mit unbelebten Ob-

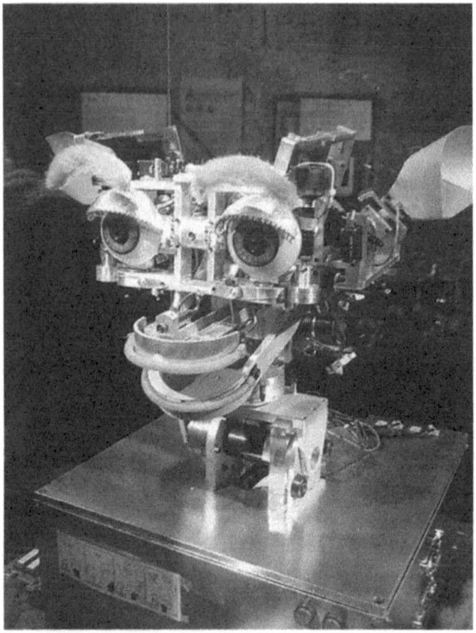

A

B

**Abbildung 8.2** (A) Kismet, ein am MIT entwickelter expressiver Roboter. (B) Jibo, ein kommerziell verfügbarer interaktiver Roboter.

jekten auf überraschende Weise interagiert. Die klassischen Untersuchungen in dieser Richtung wurden von Byron Reeves und Clifford Nass durchgeführt, die die Reaktionen des Menschen auf Personalcomputer bis ins Kleinste registriert haben. Reeves und Nass fanden heraus, dass Menschen, über den Gegensatz von reich und arm, jung und alt, männlich und weiblich hinweg, Robotern bereits in den 1980er Jahren routinemäßig menschliche Eigenschaften zugeschrieben haben: Intelligenz, Lernfähigkeit, Gedächtnis und Persönlichkeit. Und niemand fühlte sich gezwungen, diese Charakterisierungen infrage zu stellen, obwohl sie doch »einer Ansammlung von Draht, Silizium, mechanischen Gelenken und Computerprogrammen« galten.[30]

Die MIT-Psychologin Sherry Turkle arbeitet im Rahmen einer Untersuchung der verschwommenen Grenzen zwischen Mensch und Maschine eng mit Forschern auf den Gebieten der Künstlichen Intelligenz, der Roboterwissenschaft und anderer Bereiche zusammen. Sie hat in eindringlichen Worten kritisiert, wie mobile Computer, soziale Netzwerke und andere digitale Technologien Menschen isolieren und die emotionale Welt des Menschen auf destruktive Weise verändern können.[31] Sie ist, kurz gesagt, alles andere als eine Werbetrommlerin für die Technologie. Als sie jedoch in den 1990er Jahren mit Kismets Robotergefährte Cog im Labor war, änderte sich ihr eigenes Verhalten:

Cog »bemerkte« mich, nachdem ich das Zimmer betreten hatte. Sein Kopf drehte sich, um mir zu folgen, und es war mir peinlich zu bemerken, dass mich dies freute. Ich stellte fest, dass ich mit einem anderen Besucher um seine Aufmerksamkeit konkurrierte. In einem Moment war ich mir sicher, dass sich Cogs und meine eigenen Augen »getroffen« hatten. Nach dem Besuch war ich aufgewühlt – nicht durch irgendetwas, das Cog tun konnte, sondern durch meine eigene Reaktion auf »ihn«. ... Gegen meinen Willen und trotz meiner anhaltenden Skepsis diesem Forschungsprojekt gegenüber, verhielt ich mich so, als befände ich mich in Gegenwart eines anderen Wesens.[32]

Turkle ist nicht die einzige, die unbelebten Objekten menschliche Eigenschaften zuschreibt. Im Irak und in Afghanistan haben die Schlachtfeldroboter von iRobots Menschen das Leben gerettet, indem sie dazu beitrugen, dass sich Soldaten bei der Suche und Entschärfung improvisierter Sprengkörper keiner Gefahr aussetzen mussten. Wurden die Roboter durch Explosionen beschädigt, mussten sie manchmal in das iRobot-Werk am Stadtrand von Boston zurückgeschickt werden. Nach einem Nachrichtenbericht aus dem Jahr 2006 haben die »Mitglieder des Bombenräumkommandos diese Geräte routinemäßig verwendet und Spitznamen und Persönlichkeiten für sie erfunden. Ein Gerät, das den Spitznamen »Scooby Doo« hatte, verdiente sich für jeden Sprengkörper, den es ihm zu entschärfen gelang, eine Kerbe in seinem Kamerakopf«. Als Scooby Doo irreparabel beschädigt wurde, berichtete der Artikel, »brachte ihn sein Pilot in die Reparaturwerkstatt und hielt ihn dabei in seinen Armen, als handle es sich um ein verletztes Kind, und fragte, ob er repariert werden könnte.«[33]

Im *Wall Street Journal* wurde 2012 dasselbe Verhalten berichtet. Ein Offizier, der in der Roboterwissenschaft promoviert hatte, hob hervor, dass »Truppen manchmal zu Schlachtfeldrobotern eine emotionale Beziehung aufbauen – und sie sogar ›befördern‹, wenn sie Minen oder Sprengkörper entdeckt haben.« Wenn Roboter beschädigt werden, »bestehen einige Truppen darauf, dass sie denselben Roboter zurückbekommen – kein Ersatzgerät.« Mehr oder weniger dieselbe Geschichte wurde mir von einem Sprecher von iRobots berichtet, und P. W. Singer gibt sie auch in *Wired for War* wieder.[34]

Ein verwandtes Beispiel stammt aus der Unterhaltungswelt. In den 1980er Jahren kamen in der Fernseh-Show *Knight Rider* der junge Schauspieler David Hasselhoff und ein sprechender Pontiac Trans Am namens »KITT« vor. Als der Wagen später in einem Themenpark der Universal Filmstudios ausgestellt wurde, standen Menschen Schlange, um in ihm zu sitzen und von ihn angesprochen zu werden, ganz ähnlich wie beim ursprünglichen Mechanical Turk, von einem mit einem entfernten Mikrofon verbundenen Menschen.

## Soziale Rollen

Im Jahr 2011 wurde in einer wegweisenden Forschungsarbeit am roboterwissenschaftlichen Institut der Carnegie Mellon Universität ein Roboter zur Auslieferung von Snacks in einem Büro eingeführt. Anschließend wurden die menschlichen Reaktionen auf die Gegenwart des »Snackbots« und seine Aktivitäten aufgezeichnet. Die Teilnehmer an der Studie bestellten kleine Zwischenmahlzeiten über eine Internetschnittstelle. Der sich mithilfe von Rädern fortbewegende Roboter, der etwa 1,50 Meter groß war, hatte eine Anzeige auf dem »Kopf«, die Emotionen ausdrückte, sowie einen Sprachgenerator, der zur Begrüßung, zur oberflächlichen Konversation, zur Snack-Transaktion und zur Verabschiedung vorprogrammierte Skripte abspielte.

Obwohl man von den menschlichen Versuchsteilnehmern erwartete, dass sie mit dem »Lieferwagen, der Snacks vorbeibrachte« nur minimal interagieren würden, war die Entwicklung ihrer Reaktionen faszinierend. Der Roboter wurde immer wieder vermenschlicht: Er tat den Menschen leid, wenn er defekt war oder zu einer geschlossenen Tür sprach. Die sachliche, wertneutrale »Persönlichkeit« des Roboters fanden einige attraktiv, und »er« wurde innerhalb von zwei Wochen als »Kollege am Arbeitsplatz« akzeptiert. Normen für die Interaktionen mit dem Snackbot bildeten sich heraus: Normale zwischenmenschliche Höflichkeit

(z. B., dass man den Roboter ausreden ließ) ersetzte maschinenhafte Interaktionen. Nach einem Protokoll sagte ein Mitarbeiter seinem Kollegen: »Durch das, was Du getan hast, fühlt sich Snackbot jetzt schlecht«. In anderen Situationen waren Teilnehmer eifersüchtig, wenn der Roboter die Arbeitsmoral eines Mitarbeiters oder seine Wahl eines gesunden Snacks lobte. Aufgrund seiner Sprach- oder Besuchsmuster glaubte man, der Snackbot habe sich in mehrere Mitarbeiter »verliebt«.

Die Forscher registrierten Nachwirkungen, die weit über die Reaktionen der Menschen auf den Roboter hinausgingen: Sie brachten »Höflichkeit, beschützendes Verhalten, Nachahmung, soziale Vergleiche und sogar Eifersucht« zum Ausdruck. Die Gegenwart des Snackbots änderte die Art, wie die Menschen miteinander interagierten, und zwar auf eine weitgehend unerwartete Weise.[35] Wenn ein einfacher Roboter zur Auslieferung von Snacks eine solche Wirkung auf Menschen haben kann, eine um wie viel größere Auswirkung werden leistungsfähigere Roboter dann zukünftig auf uns haben, und wie gut werden Manager, Forscher und andere diese Wirkung überwachen und verändern können?

Ob im Labor oder auf dem Schlachtfeld, in einem Themenpark oder Wohnzimmer: Menschen reagieren immer wieder unwillkürlich auf elektronische und mechanische Gegenstände, und zwar auf eine psychologisch wichtige Art und Weise. Doch worauf reagieren sie? Es gibt eine

Kerngruppe von Science-Fiction-Autoren und Roboterwissenschaftlern, die beharrlich darauf bestehen, dass Roboter Bewusstsein erlangen können. Rodney Brooks, der früher am MIT arbeitete, ist keineswegs allein, wenn er schreibt: »Meine eigenen Überzeugungen sagen mir, dass wir Maschinen sind, und daraus ziehe ich den Schluss, dass es keinen prinzipiellen Grund für die Behauptung gibt, es sei unmöglich, eine Maschine aus Silizium und Stahl zu bauen, die sowohl über echte Gefühle als auch über Bewusstsein verfügt«.[36] Auf ähnliche Weise wie Ray Kurzweil geht Brooks davon aus, dass die fortgesetzte Vermischung von »künstlichen« und »natürlichen« Untersystemen zur Schaffung hybrider Lebensformen führen wird, und dass »die Unterscheidung zwischen uns und Robotern verschwinden wird«.[37] Obwohl dieser Tag vielleicht niemals kommen wird, bleibt die Frage offen: Warum reagieren Menschen mit so intensiven Gefühlen auf roboterhafte Gestalten?

9

# KÜNFTIGE ENTWICKLUNGEN

Wie immer sie auch verwendet werden: Der Einsatz von Computern wandelt sich. Diese Veränderungen haben bedeutsame Konsequenzen, da der Computer die kognitiven Fähigkeiten des Menschen verstärkt – sowohl unsere eigenen, als auch die Fähigkeiten derjenigen, die unser Verhalten beobachten und analysieren. Da wir uns wesentlich stärker durch das definieren, was wir denken und sagen, als durch dasjenige, was wir tun, kommt die gegenwärtige Roboterwissenschaft den Definitionen und den Behauptungen bezüglich dessen nahe, was die Identität des Menschen ausmacht. Gleichzeitig nehmen die Maschinen, die durch solche Rechenfähigkeiten ermöglicht werden und unsere Welt bevölkern, einige Eigenschaften an, die man als menschlich deuten oder Menschen zuschreiben kann. Vier umfassende Veränderungen im Bereich des Computereinsatzes wirken sich in neuer Weise auf den Menschen aus.

## Gestalt

Ob es sich um Wearables,* menschenähnliche Roboter, selbstreplizierende 3D-Drucker oder robotergesteuerte Fahrzeuge handelt: Was wir uns unter einem Computer vorstellen, hat sich verändert, und seine einstige Manifestation in Form eines beigen Gehäuses kommt uns wie eine Erinnerung aus ferner Vergangenheit vor.

## Größe

In den 1990er Jahren machte man sich häufig über ein Zitat lustig, das auf Thomas Watson, den leitenden Direktor von IBM, zurückgehen soll: »Ich glaube, der weltweite Markt hat nur Platz für vier oder fünf Computer.« Heutzutage, da Google und Amazon weltumspannende Netzwerke von Datenzentren aufbauen, hat der Kern dieser Aussage einen gewissen Wahrheitsgehalt. Ob wir Apples Siri verwenden, über Netflix einen Film anschauen, uns mithilfe einer Google-Karte unserem Ziel nähern, eine webbasierte E-Mail lesen oder auf Facebook zugreifen: Die alte, sich noch um den Personalcomputer drehende Welt der Anwendungen, Netzwerke und Prozessoren scheint

* Anm. d. Übers.: neue Bezeichnung für ein tragbares Computersystem, wie etwa ein Fitness-Armband, das die Länge der während eines Tages zurückgelegten Strecke und den Energieumsatz aufzeichnet.

mit unserer Alltagswirklichkeit immer weniger zu tun zu haben. Die Vorstellung, dass ein robotisches Gerät die physische Manifestation eines globalen Rechennetzwerks ist, wird in den nächsten Jahren immer geläufiger werden.

## Nähe zum Menschen

Früher saßen »Personal«-Computer auf einem Schreibtisch, häufig durch ein Kabel und ein Schloss vor Diebstahl gesichert. Smartphones sind noch enger mit uns verbunden: Sie befinden sich in Hosen- oder Handtaschen oder auf Nachttischschränken. Doch jetzt können Computer in Schuhen, Brillen, Prothesen, ja sogar in Nervenenden integriert sein. In dem Maße, in dem sich Menschen und auf Silizium basierende Rechnerplattformen immer enger durchmischen, wird es zu interessanten Entwicklungen kommen, von denen einige uns verstören, andere uns inspirieren werden.

## Umfang

Von der anfänglichen Zahlenmanipulation und der Berechnung der Flugbahn von Artilleriegeschossen bis hin zu Textverarbeitung, Musikproduktion, Photoshop und nunmehr zur Künstlichen Intelligenz hat die Verwendung von

Computern einen weiten Weg hinter sich, wobei sie einigen derjenigen Dinge, die unser Menschsein definieren, immer näher gekommen ist. Angesichts der Allgegenwart und des Umfangs dieser Veränderungen ist es wichtig, dass wir sowohl dasjenige untersuchen, was wir für wertvoll halten, als auch die Art und Weise, wie sich der Einsatz von Rechnern auf unsere Aktivitäten und Überzeugungen auswirkt.

Im Gegensatz zur Leistung von Dampfmaschinen und Autos, die wir im Verhältnis zur Kraft von Pferden gemessen haben, verfügen wir über keinen vergleichbaren Standard, mit dem wir messen könnten, wie nahe die Künstliche Intelligenz den kognitiven Fähigkeiten des Menschen kommt oder wie sehr sie sie verstärkt. Ein PKW mit 180 PS lässt sich leicht mit einem anderen von 300 PS vergleichen: Doch wie sollen wir die relative Stärke, die Leistung oder den Umfang von Cloud Computing, komplizierten Sportmesswerten, den algorithmischen Handelssystemen der Börse, ja selbst die relative Leistung der wesentlich konkreteren Spracherkennung unseres Smartphones-Assistenten verstehen? Wenn Siri 3.0 kommerziell verfügbar sein wird: Wie wird Apple dann seine Leistungsfähigkeit im Vergleich zu seinem Vorgänger angeben?

Es ist wichtig, diesen Mangel an einem greifbaren, konkreten Maßstab in Betracht zu ziehen, während die Leistungsfähigkeit von Computerleistung einigen Dingen, die uns zu Menschen machen, zunehmend näher rückt. Während diese Computerleistung entfesselt und zum Maß unserer physischen Existenz wird und sie in verschiedenen Formen bevölkert, wird das Erfordernis eines realistischen, informierten Dialogs immer dringlicher. Rechner erledigen mittlerweile in der Lebenswelt des Menschen und gemeinsam mit ihm Dinge, die bislang nur von Menschen getan werden konnten. Doch es fehlt uns an der geeigneten Sprache, um zu beschreiben, was Roboter leisten, und wie gut beispielsweise das Modell dieses Jahres diese Leistung im Vergleich etwa zu den Modellen des Jahres 2010 erbringt.

Fünf spezielle Themen kristallisieren sich heraus. Zusammen stellen sie wichtige Fragen bezüglich der menschlichen Identität, Handlungsfähigkeit sowie der Rechte und Verantwortungen des Menschen. Wie ich in der Einleitung bereits erwähnt habe, sollten sich nicht nur Computerwissenschaftler und -ingenieure mit diesen Fragen auseinandersetzen.

## 1. Big Data und die damit verbundenen Einsichten und Illusionen

Die physische Welt in ein Datenmodell zu verwandeln, erfordert eine riesige Rechenleistung, ganz zu schweigen von der dazu erforderlichen Speicherkapazität. Ein Grund dafür, dass Roboter und selbstfahrende Automobile überhaupt realisiert werden können, sind die Sensoren, Algorithmen und Verarbeitungskapazitäten, die zur Lösung der Probleme der Navigation eingesetzt werden können. In der Welt der nicht von Robotern gesteuerten Sensoren sind

Überwachungskameras mittlerweile dafür bekannt, dass sie riesige Informationsmengen produzieren (von denen die meisten nutzlos sind, es sei denn, sie wurden von Menschen durchgesehen) und die Summe der von Maschinen erzeugten akustischen und anderen Signale sind Vorboten einer Zeit, in der eine Flut von Informationen uns überwältigen wird – zumindest solange, bis die Verarbeitung und Deutung von Signalen verbessert wurde. Wie immer sich diese Bereiche entwickeln werden: Die Roboterwissenschaft wird in absehbarer Zukunft mit dem Mythos und technischen Fortschritt der auf unterschiedliche Weise definierten »Big Data« verbunden bleiben.

## 2. Die neue Rolle des Kapitals im Gegensatz zur Arbeit

Wie Erik Brynjolfsson und Andrew McAfee in *The Second Machine Age* darlegen, sind Machtgesetze ein Merkmal zahlreicher Aspekte miteinander verbundener Systeme.[1] In der Wirtschaft werden zum Beispiel die Reichen immer reicher und noch mächtiger, während die am wenigsten gut ausgebildeten immer ärmer und weiter an den Rand gedrängt werden. Jedes Jahr nimmt die Zahl der Wege von den unteren Stufen der wirtschaftlichen Leiter zu ihrem oberen Ende weiter ab. In vielen Ländern geht die soziale Mobilität von Generation zu Generation langsam zurück.[2] Diese wachsende Polarisierung und die Rolle, die der Einsatz von Computern dabei spielt, könnte Googles umfangreiche Investitionen in Robotertechnologien erklären: Nachdem das Unternehmen die sozialen Netzwerke an Facebook (das »nächste Google«) abgetreten hat, möchte Google jetzt im Besitz der wichtigsten Patente und Märkte sein, die mit dem physischen Computereinsatz zu tun haben, sei es in einem Auto, im Gesicht (Brille), an der Wand (Nest), in einer Fabrik (JV mit Foxconn) oder in Extremsituationen (Schaft).

### 3. Privatsphäre

Während Roboter uns wahrnehmen und sich unter uns bewegen, werden sie riesige Datenmengen ansammeln. Wie wir am Beispiel von mehreren Datenschutzverletzungen, in denen die Informationen von Dutzenden von Millionen Menschen kompromittiert wurden, – von denen einige äußerst privat waren (zum Beispiel Fingerabdrücke) – gesehen haben, nimmt die Zahl der Eingriffe in die Privatsphäre jedes Jahr zu. Um nur eine der Fähigkeiten von Robotern herauszugreifen: Die Erkennung von Gesichtern ist nicht etwas, dem wir auf Facebook oder anderswo zustimmen können. Doch angesichts von Automatisierungen wie der Google-Brille, von maschinellem Sehen und der ständig größer werdenden Anzahl von Kameras und anderen Sensoren, kann es bald geschehen, dass man das Gesicht eines jeden von uns zu einem Hyperlink zu einer großen Datenbank macht, ohne dass wir es wissen.

## 4. Automaten, Augmentation und die menschliche Identität

Wie nennen wir eine augmentierte Person? Im Fall von Stephen Hawking genügt in der Regel »Genie«, obwohl er mit seinem robotergesteuerten Rollstuhl und Sprachsynthesizer der Definition eines Cyborgs ziemlich genau entspricht.

Welche »Regeln« gelten bei athletischen Wettbewerben für augmentierte Personen? Sollten bei schulischen Leistungstests Kandidaten ohne die Aufmerksamkeitsdefizit-/Hyperaktivitätsstörung (ADHS) auf Ritalin* getestet werden? Wie werden in Personalabteilungen die Bewerbungen von Personen mit Augmentationen bewertet?

Aus der Perspektive des Maschinenendes des Mensch-Roboter-Spektrums: Wie bezeichnen wir eine Maschine, die menschliche Fähigkeiten nachahmen kann, manchmal auf verblüffend überzeugende Weise? Alan Turing hatte 1950 eine Idee hierzu; seither sind viele andere vorgeschlagen worden.[3]

Anomalien werden binäre Unterscheidungen schon bald außer Kraft setzen, was ein klares Zeichen dafür ist, dass die vereinfachenden Typologien von heute versagen werden.[4] Computer werden immer mehr menschliche Fähigkeiten (wie zum Beispiel Wortspiele und Rätsel verstehen) immer besser nachahmen können, während Roboter

* Anm. d. Übers.: Ritalin ist der handelsübliche Name von Methylphenidat, einem Medikament mit stimulierender Wirkung, das zur Behandlung von ADHS verwendet wird.

Säugetieren immer ähnlichere Formen annehmen werden, wie die Fortschritte von Boston Dynamics bei Robotern, die sich auf Beinen fortbewegen, beweisen. Zumindest werden die Fragen »Was ist ein Mensch?« und »Was macht den Menschen besonders?« schon sehr bald in problematischere Bereiche vorrücken: 2015 schlug ein Aufsatz sogar vor, man solle Menschen und Roboter heiraten lassen.[5]

### 5. Menschen können Systeme bauen, die sie weder verstehen noch kontrollieren können

Das eindrücklichste Beispiel für diese Tendenz ist vielleicht der »Flash Crash« von 2010, in dem der Dow-Jones-Aktienindex innerhalb von 20 Minuten erst 600 Punkte verlor und dann wieder gewann. Es wird allgemein angenommen, dass automatisierte Handelssysteme, die auf den Schachzug eines cleveren Tageshändlers in England überreagierten, zunächst eine Überzahl von Verkaufs- und Kaufbefehlen generierten, sich dann zurückzogen und so einen vorübergehenden Mangel an Marktliquidität verursachten.[6] Wenn der gesamte Vermögensbestand der New Yorker Börse trotz aller im Finanzsystem eingebauten Sicherungen aufgrund automatischer Antworten auf manuell generierte, vorgetäuschte Aufträge 9 % seines Wertes verlieren kann: Wie steht es dann um die Möglichkeit, dass Millionen von Sensoren ein ähnlich abweichendes Verhalten an den Tag legen? Weder können Computerprogramme in diesem Maßstab ohne Weiteres einem Belastungstest ausgesetzt werden, noch lassen sich die Interaktionen zwischen unabhängigen, jedoch zusammenarbeitenden Systemen logisch vorhersagen. Welches sind die Rechte und Pflichten der Besitzer von Robotern oder von Roboterherstellern?

Je mehr wir uns auf Maschinen verlassen, die uns kognitive Verantwortungen abnehmen, umso mehr vergessen wir zudem, wie man wichtige Dinge erledigt. Eine Analyse des Absturzes des Air France Fluges 447 von Rio de Janeiro nach Paris, der sich 2009 ereignete, gibt Anlass zu wichtigen Fragen über den Verlust menschlicher Fähigkeiten angesichts von Automatisierungen. Obwohl sie Tausende von Stunden geflogen waren, hatten mehrere Mitglieder der Crew nur sehr begrenzte Erfahrung in der Steuerung eines Flugzeuges, geschweige denn in seiner Steuerung unter schwierigen Bedingungen.[7] Die Akademie der US-Marine strich die Navigation anhand von Gestirnen 1997 aus ihrem Lehrplan, weil die Genauigkeit von GPS so viel höher ist, obwohl sie die Kadetten weiterhin in der Verwendung des Sextanten ausbildet (obwohl die gemessenen Werte nicht mehr auf Papier festgehalten werden).[8] Taschenrechner sind höchstwahrscheinlich der Grund dafür, dass eine ganze Generation von Schulabgängern nicht mehr weiß, wie man Brüche addiert oder subtrahiert, was für Schreiner und andere Handwerker eine unerlässliche Fähigkeit darstellt, da sie für dezimale Äquivalente kaum Verwendung haben. Digitale Werkzeuge haben unbeabsichtigte Konsequenzen.

Drei Fragen kommen einem in diesem Zusammenhang in den Sinn: Was können Menschen gut? Was können Roboter gut? Und: Wie wird sich die Partnerschaft zwischen Menschen und Robotern in den nächsten Jahren verändern?

## Geist und Körper

> In den frühen 2030er Jahren werden wir im globalen Maßstab etwa $10^{26}$ bis $10^{29}$ maschinelle Berechnungen pro Sekunde durchführen. Dies entspricht in etwa unserer Schätzung der Kapazität der gesamten, auf der biologischen Rechenleistung ihrer Gehirne basierenden Intelligenz der Menschen .... Dieser Stand des Rechnereinsatzes in den frühen 2030er Jahren wird jedoch noch nicht die Singularität darstellen, da ihm noch keine tiefgreifende Erweiterung unserer Intelligenz entspricht. Um die Mitte der 2040er Jahre wird eine Rechenleistung im Wert von 1000 Dollar jedoch $10^{26}$ Berechnungen pro Sekunde entsprechen, sodass die pro Jahr erzeugte Intelligenz (für Gesamtkosten von etwa 1012 Dollar) etwa eine Milliarde mal leistungsstärker sein wird als die gesamte heutige menschliche Intelligenz. Das wird tatsächlich eine tiefgreifende Veränderung darstellen, und dies ist der Grund, warum ich das Datum der Singularität – die eine profunde und revolutionäre Transformation der Fähigkeiten des Menschen darstellt – in das Jahr 2045 lege.
>
> –Ray Kurzweil, *The Singularity Is Near*[9]

Je mehr wir uns auf Maschinen verlassen, die uns kognitive Verantwortungen abnehmen, umso mehr vergessen wir, wie man wichtige Dinge erledigt.

Die Singularitätshypothese von Ray Kurzweil – dass die kognitiven Fähigkeiten von Maschinen die Fähigkeiten des Menschen, mit tiefgreifenden Konsequenzen, in den Schatten stellen werden – ist nach wie vor umstritten. Ja, die Tatsache, dass Kurzweil noch immer ein leitender Direktor von Google, des weltweit führenden Roboterunternehmens, ist, wirft einige wichtige Fragen auf.[10] Die vielleicht bekannteste Kritik der theoretischen Auffassungen von Kurzweil stammt von Douglas Hofstadter, dem Pulitzer-Preis-Gewinner und Autor von *Gödel, Escher, Bach*. Im Jahr 2007 fasste er in einem Interview zusammen, was viele damals gedacht haben mögen: »Lese ich die Bücher von Ray Kurzweil und Hans Moravec, so kommt mir dies vor wie eine bizarre Mischung von Ideen, die solide und gut sind, mit Ideen, die verrückt sind. Es ist so, als nähme man viele ausgezeichnete Lebensmittel und etwas Hundekot und mischte das Ganze durcheinander, sodass es nicht mehr möglich ist zu unterscheiden, was gut und was schlecht ist. Es ist eine innige Vermengung von Unsinn und guten Ideen, und es ist sehr schwer, die beiden zu entwirren, denn dies sind clevere Leute; sie sind nicht dumm.«[11]

Antonio Damasios hervorragendes Buch *Descartes' Irrtum* schlägt eine überzeugende Alternative zu Kurzweils Modell der menschlichen Kognition als einfachem und geradlinigem Prozess vor, der in Silizium repliziert und dann überschritten werden kann. Statt die kartesische Spaltung in Geist und Körper zu akzeptieren – die in dem Epigramm

»Ich denke, also bin ich« zum Ausdruck kommt und für Kurzweils gesamtes Argument zentral ist – stellt Damasio die Verbindung von Denken und Körperlichkeit wieder her. Der kognitive Neurowissenschaftler besteht, mit guten Gründen, darauf, dass es Gefühle sind, der verschwommene Verbindungspunkt von Geist *und* Körper, die das menschliche Überleben in der evolutionären Vergangenheit ermöglicht haben und die Spezies Mensch weiterhin definieren. Die ganze Rede von Computerberechnungen, die die menschliche Intelligenz erreichen oder übertreffen, ignoriert diese grundlegende Realität. Ehe Computer nicht lachen, weinen, singen, aus Nervosität schwitzen und auf andere Weise Geist und Körper integrieren können, werden sie das, was Menschen zu dem macht, was sie sind, nicht »übertreffen« können. Oder um es mit den erklärenden Worten von Damasio zu sagen: »Ich behaupte nicht, dass sich der Geist im Körper befindet. Was ich sage ist: Der Körper trägt für das Gehirn mehr bei, als lediglich eine Maschine zu sein, die sein Leben erhält und modifizierende Wirkungen beisteuert. Er trägt einen *Inhalt* bei, der ein wesentlicher Bestandteil des normalen Bewusstseins ist.«[12]

Um diesem Argument folgen zu können, muss man kein Neurowissenschaftler sein. Unsere Gefühle haben häufig eine körperliche Komponente: feuchte Hände, ein Kribbeln im Rücken, ein beschleunigter Puls und eine schnellere Atmung. Ein Gehirn, das lediglich einer Art zentraler Recheneinheit gleichen würde, könnte diese Phänomene nicht erklären, ganz zu schweigen vom motorischen Gedächtnis bei Athleten oder dem absoluten Gehör von Musikern. Gleichwohl verstärken Algorithmen, Rechenleistung, Datenspeicherung und Vernetzung die maschinelle kognitive Leistungsfähigkeit auf jeden Fall. Wie werden die Künstliche Intelligenz und die Roboterwissenschaft diese verkörperlichten Formen von Intelligenz in noch nicht erfundene Geräte einbauen? Die Künstliche Intelligenz wirft schwierige Fragen auf, jedoch möglicherweise nicht diejenigen, die Kurzweil anführt.

Wie ich in der Einleitung mit Bezug auf Google+ und MIDI erwähnt habe, verfügen technische Standards über ein langes Leben und breite Wirkungen. Tatsächlich wurde, und zwar auf eine eindrucksvolle Weise, die Macht solcher Standards von zwei Forschern demonstriert, die feststellten, dass in Ländern, in denen das Organspendesystem so organisiert ist, dass Spender ihre Bereitschaft ausdrücklich erklären müssen, wesentlich weniger Organe zur Verfügung stehen als in Ländern, in denen ein fehlendes Einverständnis bekundet werden muss.[13] Wir nähern uns einem Punkt, an dem solche Standards im Hinblick auf Roboter festgelegt werden, und sie haben einen Einfluss auf wichtige menschliche Eigenschaften und Vorgänge.

Roboter werden wahrscheinlich am besten als Werkzeuge angesehen, wie Asimov nicht ganz aufrichtig behauptete, nachdem das Fachgebiet der Roboterwissenschaft eingerichtet worden war. (Seine wesentlich einflussreicheren fiktiven Texte vermitteln etwas anderes.) Menschen und Werkzeuge entwickeln sich parallel:[14] Während wir uns an die zahlreichen Implikationen unserer Roboter anpassen, können wir – je mehr wir, unserer selbst bewusst, unseren Standort relativ zu ihnen bestimmen – umso leichter ein Zusammenwirken von Mensch und Roboter entwickeln, das unsere Existenz bereichert, statt sie ärmer zu machen. Und je mehr sich dieses Bewusstsein unserer Selbst explizit artikuliert, statt in Schurkengestalten auf der Leinwand, literarischen Metaphern oder ökonomischen Verkürzungen zu resultieren, um so weniger Rätselhaftigkeit und Verwirrung wird dieses neue Stadium der technischen Innovation mit sich bringen.

Menschen haben schon immer Werkzeuge hergestellt, und Werkzeuge haben stets unbeabsichtigte Folgen. Diese Folgen waren auch früher tiefgreifend, wie das Aufkommen von Städten, die Verlängerung der menschlichen Lebensspanne und die Entwicklung von Nuklearwaffen beweisen. Bevor die nächste Welle der Veränderung die Arbeit, die Versorgung alter Menschen und die Kriegsführung – ja, selbst das Sehen und Gehen – neu definiert, ist es an der Zeit offen darüber zu reden, wer wir im Verhältnis zu diesen Maschinen sind, und was wir von unseren Transaktionen mit ihnen erwarten.

# ENDNOTEN

## Kapitel 1

1 Bernard Roth, Vorwort zu: Bruno Siciliano/Oussama Khatib (Hg.), *Springer Handbook of Robotics*, Berlin, Springer-Verlag, 2008, viii.
2 Siehe Matt McFarland, »Elon Musk: ›With Artificial Intelligence We Are Summoning the Demon‹«, *The Washington Post* (Blog), 24. Oktober 2014, http://www.washingtonpost.com/blogs/innovations/wp/2014/10/24/elon-musk-with-artificial-intelligence-we-are-summoning-the-demon/.
3 Eine hervorragende Geschichte der Künstlichen Intelligenz, erzählt von einem Beteiligten, ist Nils J. Nilssons *The Quest for Artificial Intelligence: A History of Ideas and Achievements*, Cambridge, Cambridge University Press, 2010.
4 Ulrike Bruckenberger *et al.*, »The Good, the Bad, the Weird: Audience Evaluation of a ›Real‹ Robot in Relation to Science Fiction and Mass Media«, in: G. Hermann *et al.* (Hg.), *Social Robotics: 5th International Conference, ICSR 2013, Bristol, UK, 27.–29. Oktober 2013, Proceedings*, ICSR 2013, LNAI 8239, S. 301.
5 Siehe W. Brian Arthur, *Increasing Returns and Path Dependence in the Economy*, Ann Arbor, University of Michigan Press, 1994, Kapitel 1.
6 Dies ist ein eigenständiger faszinierender Forschungsbereich. Für eine fesselnde Einführung, siehe Donald Norman, *The Design of Everyday Things* 1988; New York, Basic Books, 2002.
7 Jaron Lanier, *You Are Not a Gadget: A Manifesto*, New York, Knopf, 2010, 7–12.
8 Sergey Brin, zitiert nach »Sergey Brin Live at Code Conference«, *The Verge* (Blog), 27. Mai 2014, http://live.theverge.com/sergey-brin-live-code-conference/.
9 Danny Palmer, »The future is here today: How GE is using the Internet of Things, big data and robotics to power its business«, *Computing*, 12. März 2015, http://www.computing.co.uk/ctg/feature/2399216/the-future-is-here-today-how-ge-is-using-the-internet-of-things-big-data-and-robotics-to-power-its-business/.
10 Chunka Mui/Paul B. Carroll, *Self-Driving Cars: Trillions Are Up for Grabs*, Kindle E-book, 2013, Position 223.
11 Siehe Online Etymology Dictionary, »hello«, http://www.etymonline.com/index.php?search=hello&searchmode=none/.

12 Siehe Hugh Herr, »The New Bionics That Let Us Run, Climb, and Dance«, *TED2014* (Video-Blog), gefilmt im März 2014, https://www.ted.com/talks/hugh_herr_the_new_bionics_that_let_us_run_climb_and_dance/.
13 Siehe »Robin Millar: ›How Pioneering Eye Implant Helped My Sight‹«, *BBC News* (Blog), 3. Mai 2012, http://www.bbc.com/news/health-17936704/.
14 Zum Solutionismus, siehe Evgeny Morozov, *To Save Everything Click Here: The Folly of Technological Solutionism,* New York, Public Affairs, 2013, Kapitel 1.
15 Einen guten Einstieg in diese Literatur bietet: Cass Sunstein/Richard Thaler, *Nudge: Improving Decisions about Health, Wealth, and Happiness*. New York, Penguin Books, 2008.
16 Eine grundlegende Textsammlung zu diesem Thema ist: Patrick Lin/Keith Abney/George A. Bekey (Hg.), *Robot Ethics: The Ethical and Social Implications of Robotics*, Cambridge, MA, MIT Press, 2012.
17 Siehe *Campaign to Stop Killer Robots*, https://www.stopkillerrobots.org.
18 Steven Pinker, *How the Mind Works*. New York, Norton, 1999, S. 16.
19 Ray Kurzweil, *The Singularity Is Near: When Humans Transcend Biology*, New York, Viking, 2005, S. 4.
20 Siehe Rodney Brooks, »Artificial Intelligence Is a Tool, Not a Threat«, *Rethink Robotics* (Blog), 10. November 2014, http://www.rethinkrobotics.com/blog/artificial-intelligence-tool-threat/.

**Kapitel 2**

1 Illah Reza Nourbakhsh, *Robot Futures*, Cambridge, MA, MIT Press, 2013, xiv.
2 Rodney Brooks, *Flesh and Machines: How Robots Will Change Us*, Cambridge, MA, MIT Press, 2002, S. 13.
3 James L. Fuller, *Robotics: Introduction, Programming, and Projects*. Upper Saddle River, NJ, Prentice Hall, 1999, S. 3 f.; Hervorhebung hinzugefügt.
4 Cynthia Breazeal, *Designing Sociable Robots,* Cambridge, MA, MIT Press, 2004, S. 1.
5 Maja J. Mataric, *The Robotics Primer,* Cambridge, MA, MIT Press, 2007, S. 2.
6 Steve Kroft, »Are Robots Hurting Job Growth?«, Video *(60 Minutes),* 13. Januar 2013, http://www.cbsnews.com/video/watch/?id=50138922n/.

7 Vinton G. Cerf, »What's a Robot?«, *Communications of the ACM* (Association for Computing Machinery) 56 (Januar 2013), S. 7; Hervorhebung hinzugefügt.
8 George Bekey, *Autonomous Robots: From Biological Inspiration to Implementation and Control*, Cambridge, MA, MIT Press, 2005, S. 2; Hervorhebung hinzugefügt.
9 Mein Verständnis der Entenerzählung stützt sich auf P. W. Singer, *Wired for War: The Robotics Revolution and Conflict in the 21st Century*, New York, Penguin Books, 2009, S. 42 f.
10 Isaac Asimov/Karen A. Frenkel, *Robots: Machines in Man's Image*, New York, Harmony Books, 1985, S. 13.
11 Asimov zollt seinem Editor John Campbell große Anerkennung für die strukturierte Formulierung der drei Gesetze; siehe, *In Memory Yet Green: The Autobiography of Isaac Asimov 1920–1954*, Garden City, NY, Doubleday, 1979, S. 286.
12 Singer, *Wired for War*, S. 423.
13 Brooks, *Flesh and Machines*, S. 73.
14 Robin Murphy/David D. Woods, »Beyond Asimov: The Three Laws of Responsible Robotics«, *IEEE Intelligent Systems* 24 (Juli–August 2009), S. 14–20, doi:10.1109/MIS. 2009.69.
15 Joseph Engelberger, zitiert nach Asimov/Frenkel, *Robots*, S. 25.

**Kapitel 3**

1 Robert Geraci, *Apocalyptic AI: Visions of Heaven in Robotics, Artificial Intelligence, and Virtual Reality*, New York, Oxford University Press, 2010, S. 31.
2 Hiroaki Kitano, »The Design of the Humanoid Robot PINO«, http://www.sbi.jp/symbio/people/tmatsui/pinodesign.htm, nach dem Zitat in G. Bekey, *Autonomous Robots*, 471.
3 Siehe Hans P. Moravec, *Mind Children: The Future of Robot and Human Intelligence*, Cambridge, MA, Harvard University Press, 1988.
4 R. Geraci, *Apocalyptic AI*, S. 7.
5 Nourbakhsh, *Robot Futures*, S. 119.
6 Dwayne Days plausibler Blog-Beitrag vermutet, dass die Autoren von *Star Trek* Anleihen bei einer Broschüre des Weißen Hauses aus dem Jahr 1958 gemacht haben, in der es heißt: »Der erste dieser Faktoren ist der unwiderstehliche Drang des Menschen zu forschen und zu entdecken, der Vorstoß der Wissbegier, der Menschen dazu bringt zu versuchen dorthin zu gelangen, wo vor ihnen noch niemand war.« Der

Text merkt auch an, dass Hollywood und die Luftfahrtindustrie im Süden Kaliforniens sich häufig gegenseitig befruchtet haben. Siehe Dwayne A. Day, »Boldly Going: Star Trek and Spaceflight«, *Space Review/Space News* (Blog), 28. November 2005, http://www.thespacereview.com/article/506/1/.

7 Vergleiche, zum Beispiel, Leo Marx, *The Machine in the Garden: Technology and the Pastoral Ideal in America*. New York, Oxford University Press, 1965; Thomas P. Hughes, *American Genesis: A Century of Invention and Technological Enthusiasm*. New York, Viking 1989; sowie David Nye, *America as Second Creation: Technology and Narratives of New Beginnings*. Cambridge, MA, MIT Press, 2003.

8 Evgeny Morozov, »The Perils of Perfection«, *New York Times*, 2. März 2013, http://www.nytimes.com/2013/03/03/opinion/sunday/the-perils-of-perfection.html.

9 William Edward Harkins, *Karel Čapek*. New York, Columbia University Press, 1962, S. 9.

10 Čapek-Zitat in der London *Sunday Review*, zitiert nach Karel Čapek, *R.U.R.* New York, Pocket Books, 1973, Literaturbeilage, S. 11. »Rossum« sollte Logik mitbezeichnen, da das tschechische Wort »rozum« die Bedeutung von »Vernunft« hat.

11 Čapeks dramatisches Werk deutete voraus auf die etwa 90 Jahre späteren Bemühungen, IBMs Fragen beantwortendem Computer Watson beizubringen, wie man *Jeopardy!* spielt, indem man ihm die Datenfülle von *Wikipedia* und anderer Online-Wissensdatenbanken eintrichterte.

12 Čapek, *R.U.R.*, S. 49.

13 Ebd., S. 96.

14 Isaac Asimov, Einleitung zu *The Complete Robot*, Garden City, Doubleday, 1982, xi.

15 Ebd., xii.

16 Norbert Wiener, *Cybernetics, or Communication and Control in the Animal and the Machine*, Cambridge, MA, MIT Press, 1948.

17 Phillip K. Dick, *Do Androids Dream of Electric Sheep?* New York, Doubleday, 1968.

18 S. Pinker, *How the Mind Works*, S. 4.

19 Die beiden unerlässlichen englischsprachigen Quellen zu Tezuka sind Frederik L. Schodt, *The Astro Boy Essays: Osamu Tezuka, Mighty Atom, and the Manga/Anime Revolution*, Berkeley, CA, Stone Bridge Press 2007, und Helen McCarthy, *The Art of Osamu Tezuka: God of Manga*,

New York, Abrams, 2009. Die folgende Erörterung stützt sich maßgeblich auf diese beiden Monographien.

20 Siehe »20 Facts about Astro Boy«, *Geordie Japan: A Guide to Finding Japan in Newcastle-upon-Tyne* (Blog), 10. Januar 2013, http://geordiejapan.wordpress.com/2013/01/10/20-facts-about-astro-boy/.

21 Nachgedruckt auf der Grundlage von Schodts Übersetzung aus dem Japanischen, in: *The Astro Boy Essays*, S. 108.

**Kapitel 4**

1 Siehe »Global Industrial Robot Sales Rose 27 [Percent] in 2014«, *Reuters*, 22. März 2015, http://www.reuters.com/article/industry-robots-sales-idUSL6N0WM1NS20150322/.

2 Siehe »Foxconn to Rely More on Robots; Could Use 1 Million in 3 Years«, *Reuters*, 1. August 2011, http://www.reuters.com/article/us-foxconn-robots-idUSTRE77016B20110801/.

3 Für weitere Informationen zur Bewegung von Robotern siehe: Roland Siegwart/Illah R. Nourbakhsh, *Introduction to Autonomous Mobile Robots*, Cambridge, MA, MIT Press, 2004, Kapitel 2.

4 Singer, *Wired for War*, S. 55.

5 Nourbakhsh, *Robot Futures*, S. 49 f.

6 Gemeinden kaufen Kameras zum Lesen von Nummernschildern in großen Stückzahlen. Sie machen sich sehr schnell bezahlt, da sie Fahrzeuge mit abgelaufenen Zulassungen und unbezahlten Parkscheinen sowie gestohlene PKWs ermitteln. Ein typisches System kann die Daten von bis zu 750 Wagen in der Stunde einlesen. Siehe Shawn Musgrave, »Big Brother or Better Police Work? New Technology Automatically Runs License Plates ... of Everyone«, *Boston Globe*, 8. April 2013.

7 Bekey, *Autonomous Robots*, S. 104–7; Brooks, *Flesh and Machines*, S. 36–43.

8 Brooks, *Flesh and Machines*, S. 72 f.

9 Siegwart/Nourbakhsh, *Introduction to Autonomous Mobile Robots*, Kapitel 6.

10 Die Quadcopter am GRASP-Labor der Universität von Pennsylvania sind ein Beispiel für in Gruppen eingesetzte Roboter. Siehe https://www.grasp.upenn.edu.

11 Bekey, *Autonomous Robots*, S. 5 f.

12 Singer, *Wired for War*, S. 60.

13 Siehe »Military Robot Markets to Exceed $8 Billion in 2016«, *ABIre-*

*search: Intelligence for Innovators* (Blog), 15. Februar 2011, http://www.abiresearch.com/press/military-robot-markets-to-exceed-8-billion-in-2016/.

14 Siehe »Cloud Robotics and Automation«, http://goldberg.berkeley.edu/cloud-robotics/.

15 Siehe »RoboCup«, http://www.org/about-robocup/objective/.

**Kapitel 5**

1 Mui/Carroll, *Driverless Cars*, Position 13.

2 Sebastian Thrun, »Toward Robotic Cars«, *Communications of the ACM* 53, April 2010, S. 99; sowie Mui/Carroll, *Driverless Cars*, Position 43.

3 Thrun, »Toward Robotic Cars«.

4 Leo Kelion, »Audi Claims Self-Drive Car Speed Record after German Test«, *BBC News* (Blog), 21. Oktober 2014, http://www.bbc.com/news/technology-29706473/.

5 Casey Newton, »Uber Will Eventually Replace All Its Drivers with Self-Driving Cars«, *The Verge* (Blog), 28. Mai 2014, http://www.theverge.com/2014/5/28/5758734/uber-will-eventually-replace-all-its-drivers-with-self-driving-cars/.

6 Douglas Macmillan, »GM Invests $500 Million in Lyft, Plans System for Self-Driving Cars: Auto Maker Will Work to Develop System That Could Make Autonomous Cars Appear at Customers' Doors«, *Wall Street Journal*, 4. Januar 2016, http://www.wsj.com/articles/gm-invests-500-million-in-lyft-plans-system-for-self-driving-cars-1451914204/.

7 Siehe Shaun Bailey, »BMW Track Trainer: How a Car Can Teach You to Drive«, *Road & Track* (Blog), 7. September 2011, http://www.roadandtrack.com/car-culture/a17638/bmw-track-trainer/.

8 Frank Levy/Richard Murnane, *The New Division of Labor: How Computers Are Creating the Next Job Market*. New York, Russell Sage Foundation; Princeton, Princeton University Press, 2004, S. 20.

9 Defense Advanced Research Projects Agency (DARPA), »Report to Congress: DARPA Prize Authority: Fiscal Year 2005 Report in Accordance with U.S.C. § 2374a«, veröffentlicht am 3. März 2006, http://archive.darpa.mil/grandchallenge/docs/Grand_Challenge_2005_Report_to_Congress.pdf.

10 Siehe Erico Guizzo, »How Google's Self-Driving Car Works«, *IEEE Spectrum*, 18. Oktober 2011, http://spectrum.ieee.org/automaton/robotics/artificial-intelligence/how-google-self-driving-car-works/.

11 Siehe Alex Davies, »This Palm-Sized Laser Could Make Self-Driving

Cars Way Cheaper«, *Wired* (Blog), 25. September 2014, http://www.wired.com/2014/09/velodyne-lidar-self-driving-cars/.

12 Sebastian Thrun *et al.*, »Stanley: The Robot that Won the DARPA Grand Challenge«, *Journal of Field Robotics* 23, 2009, S. 665.

13 Siehe »What If It Could Be Easier and Safer for Everyone to Get Around?«, *Google Self-Driving Project* (Video/Blog) [ohne Datum], https://www.google.com/selfdrivingcar/.

14 *Car and Driver*, August 2013, Titelseite.

15 Siehe James Vincent, »Toyota's $1 Billion AI Company Will Develop Self-Driving Cars and Robot Helpers«, *The Verge* (Blog), 6. November 2015, http://www.theverge.com/2015/11/6/9680128/toyota-ai-research-one-billion-funding/.

16 Siehe Nic Fleming/Daniel Boffey, »Lasers-Guided Cars Could Allow Drivers to Eat and Sleep at the Wheel While Travelling in 70 mph Convoys«, *Daily Mail.com* (Blog), 22. Juni 2009, http://www.dailymail.co.uk/sciencetech/article-1194481/Lasers-guided-cars-allow-eat-sleep-wheel-travelling-70mph-convoys.html.

17 Siehe Brad Templeton, »I Was Promised Flying Cars!« *Templetons.com* (blog) [ohne Datum], http://www.templetons.com/brad/robocars/roadblocks.html.

18 Siehe Daniel Kahneman, *Thinking, Fast and Slow*. New York, Farrar, Straus and Giroux, 2011, Kapitel 12 und 13.

19 Siehe Bruce Schneier, »Virginia Tech Lesson: Rare Risks Breed Irrational Responses«, *Wired* (Blog), Mai 2007, https://www.schneier.com/essays/archives/2007/05/virginia_tech_lesson.html.

20 Zack Rosenberg, »The Autonomous Automobile«, *Car and Driver*, August 2013, 68, http://www.caranddriver.com/features/the-autonomous-automobile-the-path-to-driverless-cars-explored-feature/.

21 Siehe Chris Urmson, »The View from the Front Seat of the Google Self-Driving Car, Chapter 2«, *Medium.com* (Blog), 16. Juli 2015, https://medium.com/@chris_urmson/the-view-from-the-front-seat-of-the-google-self-driving-car-chapter-2-8d5e2990101b#.17cg8dyt4.

22 Siehe Lee Gomes, »Driving in Circles: The Autonomous Google Car May Never Actually Happen«, *Slate* (Blog), 21. Oktober 2014, http://www.slate.com/articles/technology/technology/2014/10/google_self_driving_car_it_may_never_actually_happen.html

23 Siehe Nick Bilton, »The Money Side of Driverless Cars«, *The New York Times* (Blog), 9. Juli 2013, http://bits.blogs.nytimes.com/2013/07/09/the-end-of-parking-tickets-drivers-and-car-insurance/.

24 Siehe Shawna Ohm, »Why UPS Drivers Don't Make Left Turns«, *Yahoo! Finance* (Video/Blog), 30. September 2014, http://finance.yahoo.com/news/why-ups-drivers-don-t-make-left-turns-172032872.html.

25 Weitere Informationen dazu, wie viel wir für Autos ausgeben, und für was, siehe Mui/Carroll, *Self-Driving Cars,* Kapitel 1.

26 Ebd., Position 127.

27 Siehe Centers for Disease Control/National Center for Health Statistics, »FastStats: Accidental or Unintentional Injuries«, zuletzt aktualisiert am 30. September 2015, http://www.cdc.gov/nchs/fastats/accidental-injury.htm.

28 Siehe Centers for Disease Control, »National Hospital Ambulatory Medical Care Survey: 2010 Emergency Department Survey Tables«, http://www.cdc.gov/nchs/data/ahcd/nhamcs_emergency/2010_ed_web_tables.pdf.

29 Mui/Carroll, *Self-Driving Cars*, Position 74.

30 Siehe Climateer, »Understanding the Future of Mobility: On-Demand Driverless Cars«, *Climateer Investing* (Blog), 10. August 2015, http://climateerinvest.blogspot.co.uk/2015/08/understanding-future-of-mobility-on.html

31 Siehe U.S. Public Interest Research Group and Frontier Group, »Transportation and the New Generation: Why Young People Are Driving Less and What It Means for Transportation Policy« (Bericht), veröffentlicht am 5. April 2012, http://www.uspirg.org/reports/usp/transportation-and-new-generation/.

32 Siehe Mark Strassman, »A Dying Breed: The American Shopping Mall«, *CBS News.com* (Video/Blog), 23. März 2014, http://www.cbsnews.com/news/a-dying-breed-the-american-shopping-mall/.

33 Siehe, zum Beispiel, Laura Houston Santhanam, Amy Mitchell, and Tom Rosenstiel, »The State of the News Media 2012: An Annual Report«, Pew Research Center's Project for Excellence in Journalism, http://stateofthemedia.org/2012/audio-how-far-will-digital-go/audio-by-the-numbers/.

34 Siehe Steve Mahan, »Self-Driving Car Test«, YouTube.com (Video), 28. März 2012, https://www.youtube.com/watch?v=cdgQpa1pUUE/.

35 Siehe Lucia Huntington, »The Real Distraction at the Wheel: Texting Is a Big Problem, but with More People Eating and Driving Than Ever Before, Maybe That's an Even Bigger Problem«, *The Boston Globe* (Blog), 14. Oktober 2009, http://www.boston.com/lifestyle/food/articles/20

09/10/14/dining_while_driving_theres_many_a_slip_twixt_cup_and _lip_but_that_doesnt_stop_us/.

36 Siehe William H. Janeway, »From Atoms to Bits to Atoms: Friction on the Path to the Digital Future«, *Forbes.com* (Blog), 30. Juli 2015, http://www.forbes.com/sites/valleyvoices/2015/07/30/from-atoms -to-bits-to-atoms-friction-on-the-path-to-the-digital-future/.

37 Siehe Erin Griffith, »If Driverless Cars Save Lives, Where Will We Get Organs?« *Fortune* (Blog), 15. August 2014, http://fortune.com/2014 /08/15/if-driverless-cars-save-lives-where-will-we-get-organs/.

38 Siehe Alan S. Blinder, »Offshoring: The Next Industrial Revolution?« *Foreign Affairs*, März–April 2006, http://www.foreignaffairs.com/artic les/61514/alan-s-blinder/offshoring-the-next-industrial-revolution/.

39 Siehe Megahn Walsh, »Why No One Wants to Drive a Truck Anymore: Commercial Drivers' Average Age is 55, and Young People Don't Want to Take Up the Slack«, *BloombergBusiness* (Blog), 14. November 2013, http://www.bloomberg.com/news/articles/2013-11-14/2014-out-look-truck-driver-shortage/.

40 Siehe Adario Strange, »Mercedes-Benz Unveils Self-Driving ›Future Truck‹ on Germany's Autobahn«, *Mashable* (Video/Blog), 6. Juli 2014, http://mashable.com/2014/07/06/mercedes-benz-self-driving-truck/.

41 RAND-Studie, nach dem Zitat in Mui/Carroll, *Self-Driving Cars*, Position 279.

42 Mui/Carroll, *Self-Driving Cars*, Position 214.

**Kapitel 6**

1 Siehe DARPA, »Mission«, http://www.darpa.mil/about-us/mission/.

2 Siehe »Beyond the Borders of ›Possible‹«, *army.mil*, 27. Januar 2015 (Interview mit Dr. Bradford Tousley, Direktor von DARPAs Tactical Technology Office (TTO) und Mitarbeitern des Magazins *Access AL&T* der US-Armee), http://www.army.mil/mobile/article/?p=141732/.

3 Ronald C. Arkin, *Governing Lethal Behavior in Autonomous Robots*, New York, CRC Press, 2009, xii.

4 Siehe Jeremiah Gertler, »U.S. Unmanned Aerial Systems«, Congressional Research Service report R42136, 3. Januar 2012, http://www.fas.org/sgp/crs/natsec/R42136.pdf.

5 Singer, *Wired for War*, S. 33.

6 Ebd., 36.

7 Siehe R. Jeffrey Smith, »High-Priced F-22 Fighter Has Major Shortco-

mings«, *Washington Post*, 10. Juli 2009, http://www.washingtonpost.com/wp-dyn/content/article/2009/07/09/AR2009070903020.html?hpid=topnews&sub=AR&sid=ST2009071001019/.

8 Siehe Brian Bennett, »Predator Drones Have Yet to Prove Their Worth on Border«, *Los Angeles Times*, 28. April 2012, http://articles.latimes.com/2012/apr/28/nation/la-na-drone-bust-20120429.

9 Siehe Singer, *Wired for War*, S. 114 ff.

10 Siehe »Autonomous Underwater Vehicle—Seaglider«, *kongsberg.com* [ohne Datum], http://www.km.kongsberg.com/ks/web/nokbg0240.nsf/AllWeb/EC2FF8B58CA491A4C1257B870048C78C?OpenDocument/.

11 Siehe AUVAC (Autonomous Undersea Vehicle Applications Center), »AUV System Spec Sheet: Proteus Configuration«, *auvac.org* [no date], http://auvac.org/configurations/view/239/.

12 Singer, *Wired for War*, S. 114 ff.

13 Siehe Rafael Advanced Defense Systems, Ltd., »Protector Unmanned Naval Patrol Vehicle«, rafael.co.il [ohne Datum], http://www.rafael.co.il/Marketing/351-1037-en/Marketing.aspx.

14 Siehe »iRobot Delivers 3,000th PackBot«, investor.irobot.com (news release), 16. Februar 2010, http://investor.irobot.com/phoenix.zhtml?c=193096&p=irol-newsArticle&ID=1391248.

15 Siehe QinetiQ North America, »TALON® Robots: From Reconnaissance to Rescue, Always Ready on Any Terrain«, *QinetiQ-NA.com* (Datenblatt) [ohne Datum], https://www.qinetiq-na.com/wp-content/uploads/data-sheet_talon.pdf.

16 »March of the Robots«, *Economist*, 2. Juni 2012, http://www.economist.com/node/21556103/. (Anm. d. Übers.: Die Bezeichnung »throwbot« ist eine Kontraktion aus »thrown robot« = geworfener Roboter.)

17 Siehe Evan Ackerman/Erico Guizzo, »DARPA Robotics Challenge: Amazing Moments, Lessons Learned, and What's Next«, *IEEE Spectrum*, 11. Juni 2015, http://spectrum.ieee.org/automaton/robotics/humanoids/darpa-robotics-challenge-amazing-moments-lessons-learned-whats-next/.

18 Siehe Sydney J. Freedberg Jr., »Why the Military Wants Robots with Legs (Not to Run Faster Than Usain Bolt)«, *Breaking Defense* (Blog), 7. September 2012. http://breakingdefense.com/2012/09/07/why-the-military-wants-robots-with-legs-robot-runs-faster-than/.

19 Ronald C. Arkin, »Ethical Robots in Warfare«, *IEEE Technology and*

*Society Magazine* 28 (Frühjahr 2009), http://www.dtic.mil/dtic/tr/full text/u2/a493429.pdf.

20 Siehe Human Rights Watch, »The ›Killer Robots‹ Accountability Gap«, *hrw.org* (Blog), 8. April 2015, https://www.hrw.org/news/2015/04/08/killer-robots-accountability-gap/.

21 Siehe UN General Assembly, Human Rights Council, »Report of the Special Rapporteur on Extrajudicial, Summary or Arbitrary Executions, Christof Heyns«, A/HRC/23/47, 17. April 2013, http://www.ohchr.org/Documents/HRBodies/HRCouncil/RegularSession/Session23/A.HRC.23.47_EN.pdf.

22 Viele dieser Punkte geben die Ausführungen von Arkin in »Ethical Robots in Warfare« wieder.

23 Siehe Associated Press, »Afghan Panel: U.S. Airstrike Killed 47 in Wedding Party«, *Washington Post*, 12. Juli 2008, http://articles.washingtonpost.com/2008-07-12/world/36906336_1_civilians-airstrike-afghan-panel/.

24 Siehe David S. Cloud, »Civilian Contractors Playing Key Roles in U.S. Drone Operations«, *Los Angeles Times*, 29. Dezember 2011, http://articles.latimes.com/2011/dec/29/world/la-fg-drones-civilians-20111230/.

25 Siehe zum Beispiel, Human Rights Watch, »Losing Humanity: The Case against Killer Robots«, November 2012, besonders die Abschnitte II und III, http://www.hrw.org/sites/default/files/reports/arms-1112ForUpload_0_0.pdf.

26 Siehe »*Dr. Strangelove, or: How I Learned to Stop Worrying and Love the Bomb*: Plot Summary«, *IMDb.com* [ohne Datum], http://www.imdb.com/title/tt0057012/plotsummary?ref_=tt_stry_pl/.

27 Siehe Christopher Mims, »U.S. Military Chips ›Compromised‹«, *MIT Technology Review*, 30. Mai 2012, http://www.technologyreview.com/view/428029/us-military-chips-compromised/.

28 Siehe »Interview with Defense Expert P. W. Singer: ›The Soldiers Call It War Porn‹«, *Spiegel Online International*, 12. März 2010, http://www.spiegel.de/international/world/interview-with-defense-expert-p-w-singer-the-soldiers-call-it-war-porn-a-682852.html.

29 Siehe *New York Times*, »Distance from Carnage Doesn't Prevent PTSD for Drone Pilots«, atwar.nytimes.com (Blog), 23. Februar 2013, http://atwar.blogs.nytimes.com/2013/02/25/distance-from-carnage-doesnt-prevent-ptsd-for-drone-pilots/; Christopher Drew und Dave Philipps, »As Stress Drives Off Drone Operators, Air Force Must Cut Flights«,

*New York Times*, 16. Juni 2015, http://www.nytimes.com/2015/06/17/us/as-stress-drives-off-drone-operators-air-force-must-cut-flights.html?_r=0/.

30 Siehe Chris Woods, »Drone Warfare: Life on the New Frontline«, *The Guardian*, 24. Februar 2015, http://www.theguardian.com/world/2015/feb/24/drone-warfare-life-on-the-new-frontline/.

31 Mubashar Jawed Akbar, wie zitiert in Singer, *Wired for War*, S. 312.

32 Singer, *Wired for War*, S. 198.

**Kapitel 7**

1 Zu Geldautomaten, siehe John M. Jordan, *Information, Technology, and Innovation: Resources for Growth in a Connected World*, Hoboken, NJ, Wiley, 2012, S. 153–55.

2 Erik Brynjolfsson/Andrew McAfee, *Race against the Machine: How the Digital Revolution Is Accelerating Innovation, Driving Productivity, and Irreversibly Transforming Employment and the Economy*, Lexington, MA, Digital Frontier Press, 2011, Kindle edition. Ein großer Teil des Materials in diesem E-Book findet sich in der Druckausgabe von Brynjolfssons und McAfees umfassenderer Monografie *The Second Machine Age: Work, Progress, and Prosperity in a Time of Brilliant Technologies*, New York, Norton, 2014.

3 Siehe David Autor, »The ›Task‹ Approach to Labor Markets: An Overview«, National Bureau of Economic Research Working Paper 18711, http://www.nber.org/papers/w18711.

4 Siehe auch Levy/Murnane, *The New Division of Labor*, S. 6. Levy und Murnane haben auch zusammen mit Autor Studien veröffentlicht.

5 Autor, »The ›Task‹ Approach to Labor Markets«, S. 5.

6 Siehe IFR (International Federation of Robotics), »Industrial Robot Statistics«, in »World Robotics 2015 Industrial Robots«, *ifr.org* (Bericht) [ohne Datum], http://www.ifr.org/industrial-robots/statistics/.

7 Siehe Sam Grobart, »Robot Workers: Coexistence Is Possible«, *BloombergBusiness* (Blog), 13. Dezember 2012, http://www.bloomberg.com/news/articles/2012-12-13/robot-workers-coexistence-is-possible.

8 »Worüber sie jedoch verfügen ist Software, die sicherstellt, dass sich die Roboter zur richtigen Zeit am richtigen Ort befinden. Dies war ein Software-Spiel«. Jim Tompkins, zitiert nach Sam Grobart, »Amazon's Robotic Future: A Work in Progress«, *BloombergBusiness* (Blog), 30. November 2012, http://www.bloomberg.com/news/articles/2012-11-30/amazons-robotic-future-a-work-in-progress.

9 Siehe Kevin Bullis, »Random-Access Warehouses: A Company Called Kiva Systems Is Speeding Up Internet Orders with Robotic Systems That Are Modeled on Random-Access Computer Memory«, *MIT Technology Review*, 8. November 2007, http://www.technologyreview.com/news/409020/random-access-warehouses/.

10 Robert B. Reich, *The Work of Nations: Preparing Ourselves for 21st Century Capitalism*, New York, Vintage, 1992.

11 Siehe »The Age of Smart Machines: Brain Work May Be Going the Way of Manual Work«, *Economist*, 23. Mai 2013, http://www.economist.com/news/business/21578360-brain-work-may-be-going-way-manual-work-age-smart-machines/.

12 John Markoff, »Armies of Expensive Lawyers, Replaced by Cheaper Software«, *New York Times*, 4. März 2011, http://www.nytimes.com/2011/03/05/science/05legal.html?pagewanted=all/.

13 U.S. Census Bureau, »Historical Income Tables: Households«, [ohne Datum], http://www.census.gov/hhes/www/income/data/historical/household/index.html.

14 Als ein Beispiel siehe Thomas Hungerford, »Changes in Income Inequality among U.S. Tax Filers between 1991 and 2006: The Role of Wages, Capital Income, and Taxes«, Arbeitspapier des Economic Policy Institute, 23. Januar 2013, http://papers.ssrn.com/sol3/papers.cfm?abstract_id=2207372.

15 U.S. Bureau of Labor Statistics, Diagramm der Produktivität und des durchschnittlichen Realeinkommens im Vergleich zu einem Index relativ zu 1970, von etwa 1947 bis 2009, https://thecurrentmoment.files.wordpress.com/2011/08/productivity-and-real-wages.jpg.

16 Siehe Illah Nourbakhsh, »Will Robots Boost Middle-Class Unemployment?« *Quartz*, 7. Juni 2013, http://qz.com/91815/the-burgeoning-middle-class-of-robots-will-leave-us-all-jobless-if-we-let-it/.

17 Gill Pratt, »Robots to the Rescue«, *Bulletin of the Atomic Scientists*, 3. Dezember 2013, http://thebulletin.org/robot-rescue/.

18 Siehe Kevin Kelly, »Better Than Human: Why Robots Will – and Must – Take Our Jobs«, *Wired*, 24. Dezember 2012, http://www.wired.com/gadgetlab/2012/12/ff-robots-will-take-our-jobs/.

19 Siehe Steven Cherry, »Robots Are Not Killing Jobs, Says a Roboticist: A Georgia Tech Professor of Robotics Argues Automation Is Still Creating More Jobs Than It Destroys«, *IEEE Spectrum*, 9. April 2013, http://spectrum.ieee.org/podcast/robotics/industrial-robots/robots-are-not-killing-jobs-says-a-roboticist/.

20 Levy/Murnane, *The New Division of Labor*, S. 2.
21 Siehe James Bessen, »Employers Aren't Just Whining – The ›Skills Gap‹ Is Real«, *Harvard Business Review*, 25. August 2014, https://hbr.org/2014/08/employers-arent-just-whining-the-skills-gap-is-real/.
22 Siehe David Wessel, »Software Raises Bar for Hiring«, *Wall Street Journal*, 31. Mai 2012, http://www.wsj.com/articles/SB10001424052702304821304577436172660988042/.
23 Für weitere Informationen über Invalidität siehe das 2013 NPR-Paket von Chana Joffe-Walt mit dem Titel »Unfit for Work: The Startling Rise of Disability in America«, http://apps.npr.org/unfit-for-work/.
24 Ebd.

**Kapitel 8**

1 Robin R. Murphy and Debra Schreckenghost, »Survey of Metrics for Human-Robot Interaction«, *HRI 2013 Proceedings: 8th ACM/IEEE International Conference on Human-Robot Interaction*, 197.
2 Ebd.
3 Cynthia Breazeal/Atsuo Takanashi/Tetsunori Kobayashi, »Social Robots That Interact with People«, in: Siciliano/Khatib, *Springer Handbook of Robotics*, S. 1349–50.
4 Meine Darstellung in diesem Abschnitt stützt sich auf Robin R. Murphy *et al.*, »Search and Rescue Robotics«, in: Siciliano/Khatib, *Springer Handbook of Robotics*, S. 1151–73.
5 Siehe ebd., S. 1173, Fn 42.
6 Siehe Lawrence Diller, MD, »The NFL's ADHD, Adderall Mess«, *The Huffington Post* (Blog), 5. Februar 2013, http://www.huffingtonpost.com/news/NFL+Suspensions/.
7 Siehe Ashlee Vance, »Dinner and a Robot: My Night Out with a PR2«, *BloombergBusiness*, 9. August 2012, http://www.bloomberg.com/news/articles/2012-08-09/dinner-and-a-robot-my-night-out-with-a-pr2#r=lr-fst/.
8 Jahresbericht von 2014 Intuitive Surgical, S. 45, http://www.annualreports.com/Company/intuitive-surgical-inc/.
9 Siehe Herb Greenberg, »Robotic Surgery: Growing Sales, but Growing Concerns«, *CNBC*, 19. März 2013, http://www.cnbc.com/id/100564517/; und Roni Caryn Rabin, »Salesmen in the Surgical Suite«, *New York Times*, 25. März 2013, http:/www.nytimes.com/2013/03/26/health/salesmen-in-the-surgical-suite.html?pagewanted=all/.
10 Siehe Citron Research, »Intuitive Surgical: Angel with Broken Wings,

or Devil in Disguise?« (Bericht), 17. Januar 2013, http://www.citron-research.com/wp-content/uploads/2013/01/Intuitive-Surgical-part-two-final.pdf; und Lawrence Diller, MD, *et al.*, »Robotically Assisted vs. Laparoscopic Hysterectomies among Women with Benign Gynecological Disease«, *JAMA: Journal of the American Medical Association* 309, 20. Februar 2013, http://jama.jamanetwork.com/article.aspx?articleid=1653522.

11 Siehe Ceci Connolly, »U.S. Combat Fatality Rate Lowest Ever: Technology and Surgical Care at the Front Lines Credited with Saving Lives«, *Washington Post*, 9. Dezember 2004, A 26, http://www.washingtonpost.com/wp-dyn/articles/A49566-2004Dec8.html.

12 Siehe Nitish Thakor, »Building Brain Machine Interfaces – Neuroprosthetic Control with Electrocorticographic Signals«, *IEEE Lifesciences*, April 2012, http://lifesciences.ieee.org/publications/newsletter/april-2012/96-building-brain-machine-interfaces-neuroprosthetic-control-with-electrocorticographic-signals/.

13 Siehe »How Would You Like Your Assistant – Human or Robotic?«, *Georgia Tech News Center*, 29. April 2013, http://www.gatech.edu/newsroom/release.html?nid=210041.

14 Siehe »Home Care Robot ›Yurina‹« *DigInfoTV* (Video/Text), 12. August 2010, http://www.diginfo.tv/v/10-0137-r-en.php.

15 Siehe SECOM, »Meal-Assistance Robot My Spoon Allows Eating with Only Minimal Help from a Caregiver«, seco.co.jp [kein Datum], http://www.secom.co.jp/english/myspoon/.

16 Siehe Miwa Suzuki, »›Welfare Robots‹ to Ease Burden in Greying Japan«, *Phys.org*, 29. Juli 2010, http://phys.org/news199597102.html.

17 Siehe Anne Tergesen/Miho Inada, »It's Not a Stuffed Animal, It's a $6,000 Medical Device: Paro the Robo-Seal Aims to Comfort the Elderly, but Is It Ethical?«, *Wall Street Journal*, 21. Juni 2010, http://online.wsj.com/article/SB10001424052748704463504575301051844937276.html?

18 Siehe zum Beispiel Sherry Turkle, *Alone Together: Why We Expect More from Technology and Less from Each Other*, New York, Basic Books, 2012.

19 Amanda Sharkey/Noel Sharkey, »Granny and the Robots: Ethical Issues in Robot Care for the Elderly«, *Ethics of Information Technology* 14, 2012, S. 35.

20 Bekey, *Autonomous Robots*, S. 512.

21 Brynjolfsson/McAfee, *Second Machine Age*, S. 96.

22 Siehe »Pros Rake in More Chips Than Computer Program during Poker Contest, but Scientifically Speaking, Human Lead Not Large Enough to Avoid Statistical Tie«, *Carnegie Mellon University News,* 8. Mai 2015, http://www.cmu.edu/news/stories/archives/2015/may/poker-pros-rake-in-more-chips.html.

23 Siehe Mark Prigg, »Robots Take the Checquered Flag: Watch the Self Driving Racing Car That Can Beat a Human Driver«, *Daily Mail*, 20. März 2016, http://www.dailymail.co.uk/sciencetech/article-2959134/Robots-chequered-flag-Watch-self-driving-racing-car-beat-human-driver-sometimes.html.

24 Siehe »Computational Aesthetics Algorithm Spots Beauty That Humans Overlook: Beautiful Images Are Not Always Popular Ones, Which Is Where the Crowd Beauty Algorithm Can Help, Say Computer Scientists«, *MIT Technology Review*, 22. Mai 2015, http://www.technologyreview.com/view/537741/computational-aesthetics-algorithm-spots-beauty-that-humans-overlook.

25 Siehe »*The Economist* Explains How Machine Learning Works«, *The Economist* (Blog), 13. Mai 2015, http://www.economist.com/blogs/economist-explains/2015/05/economist-explains-14/.

26 Siehe »Exploring the Epic Chess Match of Our Time«, *FiveThirtyEight* (Video/Text), 22. Oktober 2014, http://fivethirtyeight.com/features/the-man-vs-the-machine-fivethirtyeight-films-signals/.

27 Siehe Tyler Cowen, »What are humans still good for? The turning point in Freestyle chess may be approaching«, *Marginal Revolution: Small Steps toward a Much Better World*, 5. November 2013, http://marginalrevolution.com/marginalrevolution/2013/11/what-are-humans-still-good-for-the-turning-point-in-freestyle-chess-may-be-approaching.html; und Mike Cassidy, »Centaur Chess Brings Out the Best in Humans and Machines«, *BloomResearch* (Blog), 14. Dezember 2014, http://bloomreach.com/2014/12/centaur-chess-brings-best-humans-machines/.

28 Siehe Walter Frick, »When Your Boss Wears Metal Pants«, *Harvard Business Review*, Juni 2015, https://hbr.org/2015/06/when-your-boss-wears-metal-pants/.

29 Siehe Lindsay Fortago/Philip Stafford/Aliya Ram, »Flash Crash: Ten Days in Hounslow«, *Financial Times*, 22. April 2015, http://www.ft.com/intl/cms/s/0/9d7e50a4-e906-11e4-b7e8-00144feab7de.html#axzz43Y1pFxDA/.

30 Byron Reeves/Clifford Nass, *The Media Equation: How People Treat Com-*

puters, Television, and New Media Like People and Places,* New York, Cambridge University Press, 1996, S. 4.

31 Turkle, *Alone Together*.

32 Sherry Turkle, *Life on the Screen*, zitiert nach Brooks, *Flesh and Machines*, S. 149.

33 Siehe »iRobot's PackBot on the Front Lines«, *Phys.org*, 24. Februar 2006, http://phys.org/news11166.html#jCp.Phys.org.

34 Singer, *Wired for War*, S. 338.

35 Siehe M. K. Lee *et al.*, »Ripple Effects of an Embedded Social Agent: A Field Study of a Social Robot in the Workplace«, in: *Proceedings of CHI 2012*, http://www.cs.cmu.edu/~kiesler/publications/2012/Ripple-Effects-Embedded-Agent-Social-Robot.pdf.

36 Brooks, *Flesh and Machines*, S. 180.

37 Ebd., S. 236.

**Kapitel 9**

1 Brynjolfsson/McAfee, *Second Machine Age*, S. 159–62.

2 Über soziale Mobilität zwischen den Generationen, siehe Tony Judt, *Ill Fares the Land*, New York, Penguin Books, 2010.

3 Jacob Aron, »Forget the Turing test – there are better ways of judging AI«, *New Scientist*, 21. September 2015, https://www.newscientist.com/article/dn28206-forget-the-turing-test-there-are-better-ways-of-judging-ai/.

4 Dies ist natürlich der Weg, den ein von Thomas Kuhn postulierter »Paradigmenwechsel« nimmt. Vgl. Thomas Kuhn, *The Structure of Scientific Revolutions*. Chicago, University of Chicago Press, 1962.

5 Siehe Gary Marchant, »A.I. Thee Wed: Humans Should Be Able to Marry Robots«, *Slate*, 10. August 2015, http://www.slate.com/articles/technology/future_tense/2015/08/humans_should_be_able_to_marry_robots.html.

6 Siehe Securities and Exchange Commission (SEC), »Findings Regarding the Market Events of May 6, 2010: Report of the Staffs of the CFTC and SEC to the Joint Advisory Committee on Emerging Regulatory Issues«, 30. September 2010, http://www.sec.gov/news/studies/2010/marketevents-report.pdf.

7 Siehe William Langewiesche, »The Human Factor«, *Vanity Fair News*, 17. September 2014, http://www.vanityfair.com/business/2014/10/air-france-flight-447-crash/.

8 Siehe »Despite Buzz, Navy Will Still Teach Stars«, *Ocean Navigator*, Ja-

nuar–Februar 2003, http://www.oceannavigator.com/January-February-2003/Despite-buzz-Navy-will-still-teach-stars/.

9 Kurzweil, *The Singularity Is Near*, S. 135 f.

10 Im Jahr 2016 hat Google die Leitung seines Führungsteams in der Robotertechnik geändert. Um es deutlich zu sagen: Ich behaupte nicht, dass Kurzweil mit der Leitung der Bemühungen von Google (oder Alphabet) in Sachen Robotertechnik irgendetwas zu tun hat, sondern dass die Tatsache seiner Anstellung bei dieser Firma ein Zeichen für ein unternehmerisches Ethos oder eine Verpflichtung sein könnte, die das Thema Singularität und die Kommerzialisierung des Roboters miteinander verbindet. Siehe Connor Dougherty, »Alphabet Shakes Up Its Robotics Division«, *New York Times*, 15. Januar 2016, http://www.nytimes.com/2016/01/16/technology/alphabet-shakes-up-its-robotics-division.html.

11 Siehe Greg Ross, »Interview with Douglas Hofstadter« (geführt im Januar 2007), *American Scientist* [ohne Datum], http://www.americanscientist.org/bookshelf/pub/douglas-r-hofstadter/.

12 Antonio Damasio, *Descartes' Error: Emotion, Reason, and the Human Brain*. New York, Putnam, 1994, S. 226.

13 H. P. van Dalen/K. Henkens, »Comparing the Effects of Defaults in Organ Donation Systems«, *Social Science and Medicine* 106, 2014, S. 137–42.

14 Siehe zum Beispiel Frank Geels, »Co-Evolution of Technology and Society: The Transition in Water Supply and Personal Hygiene in the Netherlands (1850–1930) – a Case Study in Multi-Level Perspective«, *Technology in Society* 27, 2005, S. 363–97.

# GLOSSAR

**AI (Artificial Intelligence; Künstliche Intelligenz)**
Ein Teilgebiet der Computerwissenschaft, das sich mit der computergestützten Nachahmung der kognitiven Fähigkeiten des Menschen befasst, entweder generell oder in einem begrenzten Bereich; sowie jegliches Beispiel für eine solche Nachahmung. Maschinelles Sehen und Maschinenlernen (einschließlich Spracherkennung) sind zwei Unterbereiche der Künstlichen Intelligenz, die in der Robotertechnik Anwendung finden.

**Android**
Die herkömmliche Bedeutung ist »ein Automat, der einem menschlichen Wesen ähnlich sieht« *(Oxford English Dictionary).*

**Big Data**
Ein Datensatz, dessen Umfang die Leistungsfähigkeit der traditionellen Datenverarbeitung übersteigt. Da die von Robotern – von denen jeder über eine Reihe von Sensoren verfügt – erzeugten Datenmengen einen riesigen Umfang haben können, werden zu ihrer Verwaltung und Analyse häufig Spezialprogramme zur Verarbeitung von Big Data eingesetzt.

**Cyborg**
Ein Wesen, in dem künstliche und organische Steuersysteme miteinander verschmolzen sind. Im Kontext der Robotertechnik ist ein Cyborg typischerweise ein Mensch, dessen Fähigkeiten durch die Anwendung computer- oder robotergestützter Leistungen gesteigert wurden.

**DARPA (Defense Advanced Research Projects Agency)**
Eine Agentur des Verteidigungsministeriums der USA, die für die Entwicklung neuer Technologien für die Verwendung durch das Militär verantwortlich ist. Die DARPA hat die robotertechnische Forschung und die Entwicklung autonomer Fahrzeuge vehement unterstützt.

**FTF (Fahrerloses Transportfahrzeug)**
Ein unbemanntes, einem Schlitten oder Lastwagen ähnliches Fahrzeug auf Rädern, das innerhalb einer Werkshalle einem vorprogrammierten Weg folgt, oft zum Zweck der Lieferung routinemäßig benötigter Güter. Im Gegensatz zu einem Roboterfahrzeug ist ein FTF weder selbst- noch ferngesteuert.

**Lidar**
Eine Technologie zur Fernwahrnehmung, bei der der Abstand zu einem Zielgegenstand dadurch gemessen wird, dass er mit einem Laser angestrahlt und das reflektierte Licht analysiert wird. Lidar war eine unerlässliche Komponente der ersten Generation der selbstfahrenden Automobile von Google.

**Mensch-Roboter-Interaktion (MRI)**
Ein noch ziemlich wenig bearbeiteter Bereich der Robotertechnik, insbesondere was die Reaktion von Menschen auf Roboter betrifft, die Seite an Seite mit ihnen arbeiten.

**Moore'sches Gesetz**
Der Intel-Mitgründer Gordon Moore (1965) beobachtete, dass die Zahl der Transistoren auf einem Schaltkreis und damit zusammenhängend auch seine Verarbeitungsgesamtleistung sich etwa alle zwei Jahre verdoppelte (dies ist seit mehr als 50 Jahren der Fall).

Da viele von Robotern erledigte Aufgaben sehr rechenintensiv sind, werden so immer mehr dieser Aufgaben praktikabel oder kosteneffektiv.

**Pfadabhängigkeit**
Im Bereich der Technik bezeichnet dies die Einsicht, dass die gegenwärtig zur Verfügung stehenden Optionen durch Entscheidungen in der Vergangenheit eingeschränkt sind: Die Spurweite von Schienen, das Layout von Schreibmaschinen und Textverarbeitungsprogramme sind allgemeine Beispiele dafür, wie die Pfadabhängigkeit verhindern kann, dass überlegene Innovationen sich auf dem Markt durchsetzen.

**Roboter**
Laut George Bekey, einem der Pioniere der Roboterwissenschaft, eine »*Maschine, die wahrnimmt, denkt und handelt*. Ein Roboter muss daher über Sensoren, eine Verarbeitungsfähigkeit, die einige kognitive Leistungen nachahmt, sowie über Aktuatoren verfügen«. In einem kulturellen Sinne sind Roboter in der Regel mechanische Geräte, die über menschenähnliche Fähigkeiten verfügen.

**Roboterwissenschaft**
Fachgebiete, die in ihrer Gesamtheit das Studium, die Konstruktion und den Bau von Robotern umfassen. Während das wichtigste Fachgebiet die Computerwissenschaft ist, stützt sich die Roboterwissenschaft auch auf Werkstoffkunde, Psychologie, Statistik, Mathematik, Physik und das Ingenieurwesen. Das Wort »Robotik« wurde in den 1940er Jahren von dem Science-Fiction-Autor Isaac Asimov geprägt.

**Sensoren**
Wahrnehmungsgeräte, mit denen ein Roboter in seine räumlichen und operationalen Kontexte platziert wird: seine Position relativ dazu, wohin er gehen und womit zu kollidieren er vermeiden muss. Außerdem kann ein Roboter damit seine Betriebsparameter ermitteln, wie etwa Temperatur und Luftfeuchtigkeit.

**Unbemanntes Fluggerät**
Ein ferngesteuertes Fluggerät, das normalerweise als »Drohne« bezeichnet und von der US-Armee sowohl für Aufklärungszwecke als auch zum Transport von Geschützen verwendet wird.

# WEITERFÜHRENDE LITERATUR


Brooks, Rodney. *Flesh and Machines: How Robots Will Change Us*. Cambridge, MA, MIT Press, 2002.

Brynjolfsson, Erik/McAfee, Andrew. *The Second Machine Age: Work, Progress, and Prosperity in a Time of Brilliant Technologies*. New York, Norton, 2014.

Eggers, Dave. *The Circle*. New York, Knopf, 2013.

Kurzweil, Ray. *The Singularity Is Near: When Humans Transcend Biology*. New York, Viking, 2005.

Lanier, Jaron. *You Are Not a Gadget: A Manifesto*. New York, Knopf, 2010.

Markoff, John. *Machines of Loving Grace: The Quest for Common Ground Between Humans and Robots*. New York, Ecco, 2015.

Nourbakhsh, Illah Reza. *Robot Futures*. Cambridge, MA, MIT Press, 2013.

Reeves, Byron/Nass, Clifford. *The Media Equation: How People Treat Computers, Television, and New Media Like People and Places*. New York, Cambridge University Press, 1996.

Singer, P. W. *Wired for War: The Robotics Revolution and Conflict in the 21st Century*. New York, Penguin Books, 2009.

# REGISTER